U0010577

豹紋守宮

魅力新寵豹紋守宮完全照護指南！

傑洛德‧梅克（Gerold Merker）、辛蒂‧梅克（Cindy Merker）

茱莉‧柏格曼（Julie Bergman）、湯姆‧馬佐利格（Tom Mazorlig）◎著

蔣尚恩◎譯

晨星出版

目錄

我從小就對守宮深深著迷，尤其是地棲型的種類，然而，在當時我不可能知道守宮將會是我人生中很重要的一部份，甚至成為我的事業。而我之所以會對守宮如此著迷，是因為在很早之前與一個物種的相遇——幾隻西部帶紋守宮（*Coleonyx variegatus*）。受限於單一物種並不是我想要的，而是受到現實所迫。在當時，想要擁有守宮只能靠自己抓，而我所能接觸到的就只有在地的種類。撇開當時的懵懂無知，我不只養活了這個物種，也成功地讓他們繁殖。我非常想要增加對於更多種類地棲守宮的實務知識，但能用的手段卻遠遠不足，只能看著照片發出「嗚嗚啊啊」的讚嘆，同時期望在未來真的有機會一親芳澤。

希望我對於守宮們的夢想可以成真，在過去的幾十年來，我曾經歷過與我的動物們對抗養蛇玩家（專吃蜥蜴又飢餓的蛇），或是與一大群志同道合的朋友分享我的興趣。我已經有能力養活一大群不同種的守宮，甚至超越了年少時的期望。我曾去過四個大陸，在自然環境下欣賞這些迷人的小動物，也貢獻了有關於他們的學術文章。我對守宮的熱愛始終如一，同時我的經驗也更豐富了。

序

　　在此背景之下，我非常歡迎並且由衷地佩服傑洛德和辛蒂對於兩棲爬蟲學研究的貢獻，他們兩位數年來的經驗對於日漸增長的守宮愛好者有極大的幫助，他們彙整出容易閱讀且實用的資訊，很容易可以拓展到潛在的愛好者。在這些資源的幫助下，幾乎讓任何人都能輕易接觸到地棲型守宮。綜觀整本書，作者提供了關於照護守宮的細節，並且強調飼主應盡的義務。作者多年來的經驗提供這本書強健的基礎，並且尋求專家協助以精進品質。在本書中，為了有效涵括常見地棲守宮的資訊，傑洛德和辛蒂擷取茉莉‧柏格曼和湯姆‧馬佐利格的研究。大家都知道，書中自有黃金屋，這本爬蟲動物的書，藏有許多寶藏。缺少圖片的爬蟲書不會有人看，愛看圖片的你絕對會滿意，傑洛德高超的攝影技術，將守宮的多樣性在本書中展現得淋漓盡致。

　　沒有什麼能比在自然棲地看到這些生物更令人興奮了，但本書提供你退一步的選擇——出色的照片，就連初心者也能馬上感受到守宮的魅力。

戴爾‧迪納多

亞利桑那州立大學 助理教授

在過去的三十年來，擬蜥屬的守宮愈來愈受到人們喜愛，特別是豹紋守宮最受歡迎，其中有許多原因，包括他們魅力無窮的外表、容易飼養和變化多端的色彩及品系。

對於擬蜥屬守宮的分類有存在一些爭議，最被廣為接受的說法是，在分子分類學上，擬蜥屬是歸類在壁虎科底下的亞科（Bartlett, 1997）。然而，擬蜥屬分類眾說紛紜，也有人認為他們應該自成擬蜥總科（Kluge, 1987）。

守宮家族的正字標記就是他們的眼瞼，所有的擬蜥屬守宮腳上都缺乏趾墊，許多壁虎不具有眼瞼的構造，只有擬蜥屬具備真正的眼瞼。他們是夜行性動物，大致上來說，棲息在乾燥和半乾燥的環境，當然，任何事情都有例外，中部帶紋守宮（*Coleonyx mitratus*）和優雅守宮（*Coleonyx elegans*），就住在熱帶環境。更有趣的是日本豹紋守宮（*Goniurosaurus kuroiwae*）的微棲地，這種中型守宮生活在潮濕環境，僅能在琉球群島的洞穴裡找到他們（Frantz, 1992）。除了一種東南亞的樹棲型守宮（*Aeluroscalabotes felinus*），其他擬蜥屬的物種都屬於地棲型（Pough et al., 2004）。

即使身為同一個類群，這些守宮們有著跳躍式的分布，在舊大陸和新大陸都有他們的蹤跡，從日本、北美洲、中美洲、非洲和東南亞，包括阿富汗、巴基斯坦和印度。

擬蜥亞科底下總共有六個確認的屬和大約二十個種（Pough et al., 2004），其中的某些物種成長快速，例如豹紋守宮（*Eublepharis macularius*），在短短一年內就能發育為成體。大多物種是雌雄異型的，而且成體很容易可以分辨性別，雄性的股孔在肛門上方排列成特殊的一列。而帶紋守宮（*Coleonyx*）的肛門兩側具有明顯的刺。

本書的主旨在於熱門物種的飼養攻略，包括豹紋守宮、帶紋守宮和非洲肥尾守宮，包含正確的居住環境、餵食、以及繁殖等各方面的祕訣。有關餵食策略和躲藏區域的重要資訊會在側邊欄強調，同時本書收錄許多有關豹紋守宮的熱門品系和色彩表現的相關資訊，也提供對於守宮常見疾病的診斷和治療方法。本書作者對於許多種類皆有大量的經驗，並且分享他們個人以及其他守宮愛好者的飼養策略。

第一章

養隻豹紋守宮

無論你是專業的兩爬研究者，或者是業餘飼育家，都能從豹紋守宮身上獲得樂趣，他們通常很友善，高度適應圈養的環境，並且能表現出亮麗的花紋。豹紋守宮並不會長太大隻，因此養他們不需要大型的飼養箱，這對空間有限的人們來說是再適合不過了，而且只需要一些容易取得的食物，像是蟋蟀或麵包蟲，就能快樂地活個好幾年。由於豹紋守宮是溫帶物種，因此他們很容易就能適應氣候，另外，他們也沒有照射紫外光的需求。綜合以上這些特質，飼養豹紋守宮的需求條件並不高，因此讓他在其他異國蜥蜴像是變色龍、鬣蜥或巨蜥中能夠脫穎而出。

豹紋守宮非常受歡迎，因為他們美麗、溫馴，而且容易照顧。

如果你想要的寵物是會像貓狗一樣地回應你，那豹紋守宮可能不適合你，然而，他們會以不同的方式展現出他認得你。如果你打開飼養箱，許多守宮會立即轉頭確認你在做什麼，也可能會爬上你的手，或許是在找尋食物吧！每隻豹紋守宮的個性也很不一樣，有些守宮會在你注視他或是靠近他的地盤時，發出不悅的叫聲，幸運的是，這種行為並不常見，守宮們通常很友善並且與人類飼主有良好互動，他們只會在受到極大刺激的情況下咬人，例如被關起來接受治療時等等。

自然史

豹紋守宮的屬名 *Eublepharis*，源自於希臘文的「眼瞼」（Balsai, 1993；de Vosjoli et al., 2004），種名 *macularius* 在拉丁文的意思是點狀的紋路（Balsai, 1993）。

豹紋守宮在野外的分布從北印度、巴基斯坦一直到阿富汗（Balsai, 1993），擬蜥屬（*Eublepharis*）裡面大約有四或五個物種。豹紋守宮屬於地棲型動物，白天大都躲在舒服的地下洞穴裡，他們住在乾燥地區，包

括草原（Hiduke and Bryant, 2003）。
根據迪‧沃斯朱里等人的研究，早
期的寵物守宮是從巴基斯坦和阿富汗
進口的，當時價格非常昂貴。

簡介

　　豹紋守宮屬於中型守宮，總長
最大可達 20.4 公分，當他們還小時，
大約只有 8 公分長。普遍來說，他
們成長相當迅速，通常在一年內就
能長成成體大小，而他們的頭部就
像大多數壁虎一樣呈三角形，有明
顯的脖子，當然也有擬蜥屬專屬的特徵——發育完全的眼瞼。

豹紋守宮
的分類地位

界：動物界
門：脊索動物門
亞門：脊椎動物亞門
綱：爬蟲綱
目：有鱗目
亞目：蜥蜴亞目
下目：壁虎下目
科：壁虎科
亞科：擬蜥亞科
屬：擬蜥屬
種：豹紋守宮（*macularius*）

皮膚表面的瘤狀突起讓豹紋守宮
的皮膚看起來凹凸不平。他們的俗名
來自於成體的點狀紋
路，底色從土灰色到亮
黃色、鮮黃色都有，取
決於他們的色彩表現，
身上的斑點通常是深
咖啡色，同時也能提高
隱蔽性。

豹紋守宮皮膚表面的突起稱為
「疣鱗（tubercles）」。

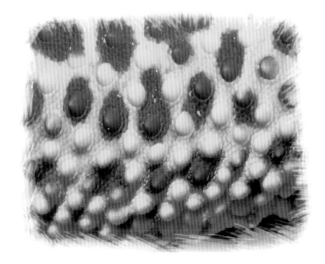

購買守宮

豹紋守宮雖然不像飼養

貓狗那麼花錢，但在照顧上仍然有些支出，最開始的花費是飼養箱、加溫設備、底材和躲避處，這些是在購買豹紋守宮之前應該先考慮的。花費可能會達到上百美元，取決於飼主想要的細緻程度。如果你能找到二手品或是對於外觀的要求不高，飼養環境的設置可以很便宜，另外，如果需要看獸醫，那可是非常昂貴的。就像任何寵物一般，食物絕對是重點花費，豹紋守宮的溫度需求不高，但仍然需要加溫設備，為了讓你的新朋友能處在舒適的溫度，你可能需要付些電費。有了以上這些，你的豹紋守宮就能過得很好，甚至能活到二十歲。

來源

有許多管道可以購買豹紋守宮，在地的寵物店就是個很好的選擇，如果店內的員工知道如何飼養，並熟悉他們的營養和環境需求，且當你的守宮出現問題時，你可以帶他回寵物店尋求協助，前提是那裡的員工有受到良好的訓練。相反地，如果你發現寵物店缺乏專業知識、店內的狀況差勁，骯髒的籠子、昏暗的光線、瀰漫臭味和有不健康的動物，這就不是一個適合購買寵物的地方。

當你在網路上向繁殖玩家購買時，就不太能事先調查，而且在網路上購買守宮，很可能最後拿到的仍然來自寵物店。因此，在下手之

自割

一隻尾巴肥肥的健康守宮，若是被粗暴地對待，會將尾巴切斷，稱為自割（Autotomy）。這是為了面對掠食者時能確保逃脫而演化出來的機制。斷掉之後，尾巴會扭動一陣子，吸引掠食者的注意，守宮就能趁這段時間逃跑。尾巴最終還是會長回來，但是重生的尾巴將不會像原本的那麼漂亮。守宮的尾巴也會當成一個儲存養分的器官。

就像其他蜥蜴一樣，豹紋守宮也有斷尾的防禦機制。

前，可能需要先調查繁殖玩家的名聲，例如向其他飼養者打聽他們的經驗，或是瀏覽相關的論壇。

　　爬蟲展也是另一種入手的管道，通常這種展覽都有許多不同花紋和色彩表現的動物供你選擇。許多爬蟲展也會出現「價格戰」的現象，能確保價錢是相對合理的，但老話一句，一分錢一分貨，如果你看到一隻漂亮的豹紋守宮但價格卻誇張的便宜，可能是因為賣家想出清年老的種公種母，或是更糟的狀況，他是一隻非常不健康的守宮。

挑選一隻健康的寵物

　　務必要在購買之前仔細檢查守宮的健康狀況，因為去獸醫診所治療不健康守宮的費用會遠遠高過購買時省的小錢。

繁殖者培育出許多有趣又美麗的豹紋守宮（就像這隻橘化）進行買賣。

請謹記在心，如果你的新寵物在回家後發生問題了，賣家是幾乎不可能給予任何賠償的，不論你是在國內或國外購買。

在購買寵物之前有許多重要的因素必須考慮，以下列出幾個必看的細節：

· 確認守宮賣家（私人繁殖者或店家）的設備

場地是否乾淨？員工是否有足夠的專業素養？飼養箱大小是否合適，且每間只住一隻或是少數幾隻？是否提供一段時間的售後保證讓你能確定守宮是健康的？

· 檢查你有興趣購買的的動物是否受到正確的照顧

你想要的蜥蜴是否住在安全並且適合的籠子裡？籠子是否乾淨，或是堆滿排泄物？是否有因為不適當的食物大小造成的反芻？是否有躲藏小屋？如果店員將守宮箱設置成海岸環境，那很明顯的他對於豹紋守宮的自然史完全不了解。

· 測試籠子裡的守宮，確認他是健康的

受到不適當照顧的守宮很容易就能辨別，健康的守宮皮膚有光澤，如果他脫皮困難，老舊的皮膚會附著在身上，這也表示他受到不正確的照顧，或是不健康。過瘦的尾巴代表生病或是缺乏食物，如果尾巴太細加上髖骨突出，請不要購買，這代表這隻守宮的進食狀況有問題，或是店家沒有給他足夠的食物。仔細看眼睛是否清澈、能夠張開而且看起來健康？吻端鱗片是否粗糙？具不健康特徵的守宮，應該盡可能避開。一隻健康的守宮應該警覺性高，食慾良好，尾巴和身體不一定要肥，但是要飽滿，身體和四肢應該要強壯，不該出現跛腳或是有斷掉的跡象，泄殖腔附近若有排泄物則表示有腹瀉情形，可能是疾病造成。

豹紋守宮斷尾後，重新長出的尾巴通常會產生某種程度的畸形。

　　根據豹紋守宮不同的顏色和體型可以有不同的價格，在何處購買你的守宮也會影響價格，在網路上或是爬蟲展可能可以得到比較優惠的價格，當然假如你向住在距離遙遠的賣家購買的話，那些潛在的運送和包裝費用也必須計算在成本內。一旦你決定要在哪裡購買了，就下手吧！不要想著去拯救垂死的動物們，通常對任何一方都不會有好結果，除了那些靠著不健康動物賺錢的無良賣家。

日漸嚴重的健康問題 很少有豹紋守宮是進口的，這意味著市面上能買到的守宮都是人工繁殖的，在大部分的情況，人工繁殖的個體不像野外個體身上有許多寄生蟲，但在近年來，人工繁殖的豹紋守宮帶原「隱孢子蟲」（Cryptosporidium）的趨勢增加。感染此類寄生蟲的守宮會日漸消瘦，即使對此疾病的瞭解和治療方法已經有進展，但預後（Prognosis）仍然不樂觀。（詳見疾病章節第 64 頁）

　　如果你走進一間寵物店，發現到守宮是一群一群養在一起的，這時

如果你因為覺得可憐而購買了不健康的動物，只是在助長那些不用心照顧動物的店家。正確的做法應該是拒絕購買處在不良環境的動物，藉此希望之後的動物能受到良好的對待。務必要禮貌地告訴賣家由於他們的動物不健康，因此你將不會跟他購買。

請你謹慎評估。

如果其中有些看起來很健康，有些看起來很消瘦，請轉身離開，因為即使一隻動物看起來健康，他仍可能已經感染了隱孢子蟲，如果你將他帶回家，並且與健康的守宮養在一起，後果將會不堪設想。

有些不用心或是不道德的賣家，出售感染隱孢子蟲的守宮，這些守宮隨即感染與他接觸的健康守宮。一無所知的消費者購買了生病的守宮，並且正確地照顧，卻只看到他的寵物逐漸衰弱最後死亡，這導致豹紋守宮被誤解成難以飼養的動物，事實上，豹紋守宮是最容易照顧的爬蟲類之一，而那些感染的守宮其實在被購買之前就已經註定活不久了。

帶你的豹紋守宮回家

回家路上

在多方的考慮之下終於出手，現在這隻小東西是你的了！第一個要煩惱的事就是要如何把他安全送回家，保冷箱將會是你最好的選擇，如果天氣太冷，可以在箱子裡放置暖暖包保溫，如果是炎熱的夏天，可以放些冰塊幫助降溫，此外，讓箱子裡保持黑暗的狀態，可以防止守宮在路途中感到壓力。

馴化

新朋友來到你家的起初幾天對於正確的馴化最為關鍵，聰明一點的

新入手的豹紋守宮，在剛來的最初幾天不應該去把玩他，這樣他才能好好的適應新環境。

做法通常會在你的守宮到家之前先把籠子布置好，這代表加溫設備都應該調整到適合他生長的溫度，而且籠子應該要放在最少被干擾的地方，就像其他動物一樣，當守宮來到一個新環境，他會仔細檢查新家的各個角落，通常會在新的屋子裡到處舔舔看，例如水盆，或是躲藏處。這個時期不適合經常將你的守宮拿出來把玩，幾天之後，你可以開始給他食物，如果他吃了一些，就再給一些，這個時期不要餵太多，太多的食物可能會讓守宮嘔吐，同時增加他的壓力。

隔離檢疫

如果你家裡已經有其他隻豹紋守宮，那你絕對要將新寵物先進行隔離，避免新成員將任何疾病傳染給你家裡的其他守宮。對所有動物實施衛生管理，包括在觸摸他們後勤洗手，以及清理籠子裡的排泄物，這是非常重要的措施，保障疾病不會傳染給你家的其他爬蟲動物，甚至是你。檢疫大約需要持續三十至六十天，這是在獸醫學上經過糞便實驗證實的有效隔離時間，如果你的新守宮在這段時間內適應良好，代表他應該不帶有會傷害你或其他寵物的病原。

第二章

給他一個家

豹紋守宮需要長期的時間和金錢的投入，如果受到良好的照顧，他們是可以活很久的。要記得，除了最一開始的投資之外，還必須考慮籠子、底材、加溫器、水盆和食物。更進一步說，你的寵物終其一生需要的食物也是筆可觀的花費。

把男生分開養

假如你有足夠大的空間，將一小群豹紋守宮養在一起應該不成問題，然而，如果其中有兩隻以上的男生，那就會產生問題了。當雄性豹紋守宮成熟後，他們會開始打架，你不一定會看到戰鬥場面，但是你會看到撕咬的傷口，還有消失的尾巴，為了避免這種狀況發生，每個籠子內只能有一個男生。

飼養豹紋守宮美妙的地方在於，他們在你所能想像到的任何形式的籠子裡面都能過得很好，只要滿足他們的基本需求，他們就能生存在最簡單的飼養環境。想要與眾不同的主人也可以為這些沙漠裡的寶石採用自然主義的設置，為你的守宮打造一個完美的窩有非常多不同的選擇。

居住的類型

簡單的籠舍

我們的豹紋守宮在非常簡單的條件下飼養，使用的是 Freedom Breeder 的小型爬蟲箱，這種籠子非常好用因為它通風良好，加溫設備放在籠子的後方，營造出極好的溫度梯度，讓裡面的蜥蜴可以在溫暖的 30°C 端，或是涼爽的 21°C 那端做選擇，這樣的溫度梯度讓動物們能選擇適合的溫度，大部分的時候，動物都會選在籠子裡靠近冷端的地方。

至於底材，我們使用一種寵物店就能取得的鈣沙，根據川普（2000）的說法，我們不建議選用沙子當作年幼守宮的底材，以避免腸胃阻塞（Impaction）。

籠舍內的家具也可以很簡單，有個淺水盆加上紙捲做的躲藏處就足夠了，我們曾使用這樣的設置飼養守宮整整六年，沒發生任何問題。

中階的籠舍

對大部分的豹紋守宮飼主來說，大約 38 公升左右的水族箱就很夠

用了，如此的大小能提供你的守宮充裕的空間，並且能設計得很有吸引力，不管是對裡面的守宮或是外面的人類。這樣的空間也足夠容納一對守宮，絕對不要讓兩隻雄性住在一起，因為他們一定會打架，我們見過許多戰鬥的後果，最壞的情況將會需要截肢。此外，提供足夠的躲藏處也能讓動物在籠中感到舒服自在。

拒絕陽光

避免將籠子放置在窗戶邊或是任何陽光直射的地方，陽光透過窗戶照射在籠子上，只需要一小段時間，就可能讓溫度升高到有害的程度。

用沙子當作底材有非常好的效果，但僅限於成年守宮，不可以用於幼體守宮，因為他們會意外吃進沙子而造成腸胃阻塞，沙子之所以好用，是因為它能作為溫度上升下降時的緩衝。

在小型籠子上，某些種類的加溫器需要組合使用來保持籠子內的溫度梯度，有許多不同形式的加溫系統可以選擇，加溫器（加溫片、加熱燈、或是底置的加溫墊）配上一個避免過熱的控制器是基本配備，控制器可以選用自動調溫器（最推薦），或是簡易型調節器。經常確認溫度計確保籠子，當然

一旦滿足豹紋守宮的需求，他們就能在非常簡易的環境下成長茁壯。

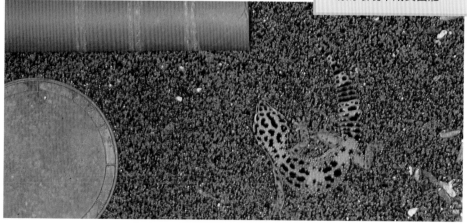

這是一個簡單但齊全的環境設置，包含食物盆和水盆、躲藏處、熱源、底材、還有確保安全用的上蓋。

還有裡面的動物，沒有過熱，對一個簡易型籠子來說，溫度大約從 30°C 至 21°C 較為剛好。

　　用紗網蓋住箱子上方可以讓守宮乖乖待在家，並且防止其他寵物，例如貓咪的侵犯。由於豹紋守宮屬於夜行性動物，因此設置燈具純粹只是裝飾用而且不必要的，然而這的確可以增加飼主觀察的樂趣。

自然型的籠舍

　　有些豹紋守宮的飼主，極力想要建造出一個能讓守宮和人類都享受在其中的環境，豹紋守宮的大小適中，剛好適合使用仿自然設置，他們不會大到能夠破壞籠舍裡的素材，而且乾燥的環境也讓他們的排泄物很容易清理。

籠舍我們參訪過許多令人讚嘆的設計，絕大多數的籠子都選用大型的玻璃水族箱（113.6至151.4公升），但仍有其他種類的籠子可以選擇，就像你在爬蟲展看到的，許多爬蟲箱的製造商也有生產專門展示用的箱子，效果都非常好。

玻璃水族箱是個很好的選擇，因為它容易取得，而且價格親民。我們曾經在許多爬蟲展上讚嘆欣賞那些專門為爬蟲設計的箱子，通常我們會看到大的玻璃水族箱只需要專業爬蟲箱價格的一小部分。這類的水族箱非常好用，而且具備許多優勢，防水是其中一個，其他的產品或許也會宣稱他們可以防水，但是就我們的經驗來說，時間一久就會開始漏水了。如果你要在籠舍內種植物，那就必須要選用防水的箱子。不幸的是，玻璃箱有個缺點，就是它很脆弱，玻璃水族箱非常容易在清潔時破掉，或是當你在設置仿自然環境時擺放石頭太過粗心而破掉。

底材和石頭在設計你的自然籠舍時，第一步驟是先安裝底部加溫器，之後在箱子底部鋪上排水層，最好是使用一到兩吋的多孔石當作底材（de Vosjoli, 1996）。接著就可以加入大塊的石頭，置於多孔層之上。非常基本的觀念，你不會想要把石頭放在最上層，也就是沙子之上，因為就連小型的動物，例如豹紋守宮，都能挖掘至石頭下方，如果石頭下方是沙子，那麼守宮很可能會挖得太深而被石頭壓住。你可能會想放些樹枝在裡面，雖然他們並不常攀爬，但仍偶爾會去使用，避免

愈少愈好

如要使用自然型設置，飼主必須設法找出植物、守宮、食物和其他元素之間正確的平衡點。其中一個最常見的錯誤就是放太多守宮在同一個容器中，同時有太多守宮會讓平衡點快速瓦解並產生問題，遵照前人的經驗，每30加侖（113.6公升）最多容納一對守宮。

石頭可以讓籠舍裡
更有自然的感覺，
也讓守宮可以攀爬
跟躲藏（圖中為無
紋的個體）

選用人工樹枝，這種東西通常是中空的，並且在底部有洞，不難發現守宮會從這個洞鑽進樹枝裡頭，到時要把你的守宮拯救出來將會非常棘手。

　　當你的石頭和樹枝都放置妥當之後，加入數英吋厚的一層沙子。

　　沙子有很多功能，首先它可以包覆排泄物，再者，沙子可以在籠舍中傳導熱量，它就像是熱量的儲存槽，所以在關燈時，它將能夠在「日落」後保持數小時的溫暖。

植物如果你想要在籠舍裡面種植物，將他們種在小花盆裡，就不需要把整個籠舍全部澆水。最適合種在沙漠箱的植物包括虎尾蘭（Sansevieria）、壺型植物（caudiciform）、馬尾辮棕櫚、無花果、鳳梨科植物（我們的最愛）、大戟科植物（de Vosjoli，1996）。另外，不要種得太多，某種程度上，是為了方便清理籠子。雖然豹紋守宮不需要紫外光，但是植物需要，全光譜的日光燈就能提供他們成長茂盛所需的紫外光，並且不會對動物造成傷害。

餵食站 放置餵食站在設計仿自然籠舍時也很重要，一個標準的食盆通常會選用淺碟子，固定食盆的好處是可以防止活體食物們逃脫並且對睡覺中的守宮產生問題，在過去，我們曾經碰到一個問題，有些守宮被逃脫出來的麵包蟲給餵飽了，特別是一種叫做「超級」麵包蟲（Zoophobas morio），飼主可以選擇每次只提供剛好的食物給守宮來改善這個問題。

餵食站讓飼主可以輕鬆地混合食物跟礦物質、維他命、鈣質等營養品，很簡單，只要把營養品放在容器裡，然後把蟋蟀或麵包蟲丟進去容器，當他們四處移動的時候身上就會沾滿營養品。放置一個能融入仿自然籠舍的餵食站，並且對飼主來說容易取得，是在佈置籠舍時要先考慮的。

蟋蟀通常很容易就會逃脫，最好是在餵食蟋蟀或是相同類型的食物時，只給予少量讓你的守宮能在幾分鐘內吃完，並且取出沒吃完的昆蟲。

清潔 一個很重要必須考量的點是如何讓仿自然籠舍易於清潔，將豹紋守宮的大便從基本型的籠舍取出很容易，然而，仿自然的設置在清潔上多了一個新的面向，由於這種動物吹毛求疵的個性，讓籠舍的清潔容易得多。健康豹紋守宮的糞便很乾燥，此外，再加上他們習慣在箱子內固定的區域排泄，讓飼主可以很輕鬆的維持環境

鈣沙是種安全又好用的底材。

作者推薦

我們使用來自猶他州的紅沙，不僅美觀而且就算濕掉也不會黏在動物身上，可以在爬蟲專門店、線上購物及爬蟲展取得。

整潔。同樣一批底材可以連續使用好幾個月，你只需要用湯匙撈出排泄物並且不定期地補充被移走的底材，但仍然需要每幾個月全面更換底材，取決於守宮的數量。

底材

在籠子底部選用正確的底材，對於豹紋守宮是否能活得長久至關緊要，有許多種類的底材供你選擇，包含對爬蟲無害的沙、報紙、廚房紙巾、人工草皮和樹皮屑。

避免使用松木屑作為底材，尤其是雪松（Cedar），這種木屑很容易在守宮獵捕食物時卡在嘴巴裡，並造成問題，不僅如此，雪松木也會引發爬蟲類的中毒反應。

沙子是種優良的底材，使用沙子的優勢在於它是個良好的熱傳導材質，沙子也容易清理，只要使用一種寵物店能買到專門用來篩沙子的工具就能輕鬆地清潔，除此之外，沙子對觀賞者的眼睛來說也很舒服。給守宮使用的沙子顆粒不能太銳利（例如噴砂用的沙），這是為了避免守宮在進食時意外吃進沙子。使用沙子也有壞處，就是幼體守宮會在進食時吃進太多沙子，並造成腸胃阻塞（Tremper, 2000）。遊樂場用的沙子或是專門為爬蟲開發的沙子對你的守宮比較安全，把沙子淋濕也可以避免被守宮吃掉，因為沙子在乾燥後會形成一層硬化的表面。

報紙不貴、容易更換、而且又安全，只是不怎麼美觀，而且必須要常常更換才不會讓排泄物堆積。廚房紙巾對年幼豹紋守宮有很不錯的效果，髒了之後容易更換，而且隨手可得，不會造成上面提到腸道阻塞的問題。人工草皮也有優點，但大多數的飼主最後會發現它不太美觀。樹皮屑吸水性非常好，同時又好看；但是比起沙子難清理許多。無論選用

何種底材，盡可能地保持乾淨，並且定期的整批更換和移除排泄物。有些飼主會建議使用無底材的設置，這是為了防止細菌孳生，同時也阻止守宮從底材中攝取維生素和礦物質。在無底材的系統裡，要清潔時首先先將守宮移出，放置在打洞透氣的塑膠盒裡，接著拿出所有的家具並簡單清掉排泄物，用濕紙巾擦拭籠子後再把守宮放回。

不好的底材

不要在你的守宮箱裡使用木屑，他們很容易連同食物被守宮吃進肚子，並造成消化道疾病。應該避免使用雪松（Cedar）木屑因為他們天然的毒性，雪松被證實會釋放出造成爬蟲類神經系統損害的有毒氣體。

家具

躲藏處對你的守宮能否過得舒適非常關鍵。

對於許多種類的蜥蜴來說，家具（或沒有家具）對於他們能否生存在人工飼養的環境非常重要。在實際面上，豹紋守宮在飼養環境下的需求非常簡單，對於他們能否過得舒適躲藏區域是個關鍵因子。豹紋守宮理所當然喜歡黑暗的躲避處，躲藏箱可以是一個非常簡易的硬紙管（廚房紙巾中間那根），上方或側邊打洞的塑膠容器也同樣能發揮效果，許多爬蟲用品製造商也推出專用的躲藏箱，這些都是很好的選擇。有些產品具有巧妙的設計，

紙和沙子

若要大量購買，沙子是良好的底材選擇，特別是對大一點的豹紋守宮，總是會有人擔心守宮在吃東西時會不小心吃進沙子，但如果沙子不銳利，其實問題並不大，而對於年幼守宮，廚房紙巾是完美的底材。沙子和紙巾兩者都容易清理而且不像其他底材的問題那麼多。

當放置在籠舍的玻璃邊時，飼主可以直接看到自己的寵物躲在裡面。

就是這麼簡單，在籠內設置躲藏處能讓你的豹紋守宮多活好幾年，安全感是維持長久健康的不二法門，提供一個黑暗又潮濕的躲藏處能增加他們的安全感，當你的守宮感到安全後，其中一個好處就是更強烈的餵食反應，再者，增加躲避處的溼度也能讓守宮的脫皮更順利。

在塑膠容器的側邊挖出一個相當於守宮寬度兩倍的圓洞，就可以作為躲藏處了，入口處應該要距離容器底部大約 2 英吋高（5 公分），這樣可以阻絕大部分的底材掉出去。在容器內放入接近 2 英吋（5 公分）厚潮濕的蛭石或沙子，廚房紙巾也行得通，只是需要更頻繁更換。狹長型的躲避區域可以確保同時涵蓋熱區和冷區，如此可以創造一個溫度梯度，讓守宮能選擇最舒服的溫度。躲避處裡的底材應該要經常檢查和清潔，清理排泄物之後，也應該視情況更換。

在籠舍裡加入樹枝可以看起來更美觀，雖然豹紋守宮很少攀爬，但樹枝可以幫助蛻皮的過程，同時也能增加額外的躲藏區域，有許多管道能取得不論是天然或人工樹枝，包括寵物店、線上購物和爬蟲展，天然樹枝的好處是容易取得；壞處是它們不容易消毒。你可以去戶外蒐集樹枝，確保你找到的都是無毒的樹種，並且在使用前徹底清潔消毒過。

如果飼主決定使用塑膠樹枝的話，必須要謹慎選擇，許多塑膠樹枝會在底部有個可以通往內部的洞，這是因為製程所需。如果讓洞開著，

在躲避處中放入水苔或是
其他能保水的底材,是維
持足夠濕度的好方法。

有可能守宮會從洞鑽進樹枝,要救出他來
就非常麻煩,我們曾見過別種的蜥蜴被卡
住而且窒息在裡面,如果你選用塑膠樹枝,有個好方法就是把洞塞住,
避免憾事發生。

濕度

　　保持箱內濕度最簡單的方法就是放一個小水盆,豹紋守宮在飼養的
環境下偶爾會喝水,他們也從食物中攝取大量代謝所需的水分,最好是
能每週一次提供乾淨的飲水。

　　提供一個有潮濕底材的躲藏處
或許是補充濕度的最好方法,我們
發現這對於幫助正在蛻皮的守宮來
說很有效,如果舊皮卡在腳趾上,
可能會造成腳趾壞死最後脫落,一
旦腳趾脫落,就永遠不會長新的出
來了(不像是尾巴)。

守宮需要
選擇權

在籠子的熱區和冷區各放置
一個躲藏處,能讓守宮選擇
他想要的身體溫度同時又能
躲起來。

第三章

餵食

豹紋守宮是最早被人工飼養的蜥蜴之一。如果你的守宮不吃東西,請帶他去爬蟲醫院,因為你的寵物可能哪裡出毛病了。豹紋守宮吃昆蟲,任何適當大小的昆蟲都吃,在野外,他們會吃昆蟲或是其他無脊椎動物、小型哺乳類、還有其他蜥蜴(Puente, 2000)。

蟋蟀

大多數飼主喜歡給他們的守宮吃蟋蟀，偶爾加上麵包蟲。蟋蟀可以在寵物店或是爬蟲展購得，每週購買少量的蟋蟀可能會很貴，若一次購買一千隻以上會比較划算。

飼養大量蟋蟀最大的好處是你隨時都有東西可以餵，壞處就是在能夠把他們拿來當飼料之前有許多的準備工作。飼養大量蟋蟀可以使用中等大小的垃圾桶，確保他們沒辦法逃脫，如果逃脫了，蟋蟀可以靠著麵包屑、貓飼料等等維生，在屋子裡存活數個月才死去。使用紗網蓋子之類東西的可以防止他們逃脫，在箱中放置紙蛋盒或是紙捲可以當作蟋蟀的休息處。

飼養蟋蟀需要維持在大約 26°C 而且必須持續提供食物和飲水，水分可以由新鮮蔬果提供，例如甘藍菜、一小塊紅蘿蔔或一片柳丁。請勿使用會讓蟋蟀爬不出來的水盆；如果爬不出水盆，他們會很快溺死。許多飼主在水盆裡放棉花防止蟋蟀溺死，也有另一種凝膠狀半球型的產品可以提供水分。飼養一大堆蟋蟀會讓人感到厭煩，特別是當你只有一兩隻守宮時。

蟑螂

選用蟑螂當作爬蟲類和兩棲類飼料的人愈來愈多，如果飼養方式正確，蟑螂是種容易繁殖，而且營養價值高的食物。

蟑螂有許多不同種類，包括橙頭蟑螂（*Eublaberus prosticus*），格外地易於照顧，另外一個優點是橙頭蟑螂無法攀爬玻璃表面，這也讓飼養他們變得容易。10 加侖（38 公升）的水族箱就很適合拿來飼養這種蟑螂。其他種類的蟑螂，像是馬達加斯加蟑螂，就需要在箱子塗一圈凡士林防止他們逃脫，假如忘記塗凡士林，導致一大群蟑螂突然出現在屋子裡，鐵定會讓你老婆非常不開心。

在底材方面，選用乾燥熱處理過（93.3°C／二十分鐘）的麥麩，熱處理可以殺死任何在裡面的蟲卵，他們可以使用幾個紙蛋盒當作躲藏處。橙頭蟑螂屬於「胎生」，事實上，雌性是將卵存放在腹部特殊的囊袋。如果你現在從十對成體蟑螂開始養，在幾個月後就能有許多不同大小供你選擇。

對於豹紋守宮來說，不長於四分之三英寸（1.9 公分）就足夠當作食物，跟蟋蟀一樣，在把蟑螂餵給你的守宮之前，要先用萵苣、柳橙片還有乾狗糧餵飽他們。

其他種類的蟑螂有時也能當作飼料昆蟲，由於他們不會太大也不會太小，你可以放心餵給守宮。其他蟑螂的例子有杜比亞蟑螂（*Blaptica dubia*）和死人頭蟑螂（*Blaberus cranifer*）。

麵包蟲

麵包蟲也是很容易飼養的飼料蟲之一，基本的環境只需要一個塑膠盒加上麥麩或燕麥片，飼養麵包蟲最基礎的重點在於給他們大量的食物，他們就會快速長大而不會自相殘殺，同時水的補充也很重要，我們使用沾濕的紙巾鋪在底材上或是馬鈴薯切片來保持濕度，其他更好的選擇有柳橙跟紅蘿蔔切片，在提供水分的同時也能補充營養，並且每天更換蔬果切片和紙巾避免黴菌滋生。麵包蟲可以在這樣的環境下繁殖，提供你不同大小的蟲子。

過度餵食

如果過度餵食你的豹紋守宮將會很容易造成過度肥胖，某部分是因為一些食物的高脂肪含量，若食物有太多的麵包蟲可能會造成健康問題，例如過胖或是脂肪肝。一隻肥胖的守宮尾巴將會相當大且重，就像人類一樣，過度肥胖可能導致早夭，因此你應該避免這種狀況。如果對你的守宮體重有疑慮，請向專業獸醫諮詢。

其他選擇

除了主食蟋蟀、麵包蟲之外，其他種昆蟲性飼料也可以當作補充食品，你的豹紋守宮會很感謝你的。可以當作副食品的有蠶寶寶、番茄角蟲（番茄天蛾幼蟲）、偶爾來點粉紅（無毛）老鼠，番茄角蟲和大隻蠶寶寶所含的卡路里是蟋蟀的好幾倍，因此為了避免過胖，要節制使用。

市面上有許多種現成的飼料供你選擇，例如罐頭蟋蟀和麵包蟲，這種現成飼料的好處是容易保存（需要的時候再打開就好），壞處是他們不會動，而很多豹紋守宮只認得會動的食物，我們的豹紋守宮也屬於這類型，好在其他的蜥蜴，例如鬃獅蜥還願意賞臉。

餵食

一隻健康的豹紋守宮每餐至少需要吃掉四至五隻適當大小的蟋蟀，

使用非常簡易的設置就能飼養麵包蟲。

如果你使用麵包蟲，四至五隻蟋蟀再加上一隻麵包蟲就非常豐盛了，一隻成體守宮每週至少

要餵食兩次，對剛出生及幼體的守宮，就必須要餵食更多次，如果你選用蠶寶寶或是番茄角蟲，則餵食數量應該要減少，如果用這種蟲大量餵食守宮，過度肥胖的機會將會大為增加。

過瘦的豹紋守宮尾巴會非常細，骨盆帶（pelvic girdle）會變得很明顯，有這樣特徵的個體必須要更頻繁餵食，如果經過頻繁的餵食他還是一樣瘦弱，就必須要預約爬蟲醫院門診了。每隻守宮都是不同的個體，身為飼主必須要觀察他的動物的體重對於餵食策略的反應，如果守宮開始增加或減輕過多體重，就代表餵食策略需要調整。

補鈣小技巧

要幫豹紋守宮補充鈣質很簡單，只要將食物例如麵包蟲，與鈣粉一起裝進食盆，確保守宮在吃的時候能有些鈣粉附著到食物身上。有些守宮就算沒有食物在裡面也會自己去舔食鈣粉。

切勿給你的守宮超過他一次能吃的量，這表示你必須移除多餘的蟋蟀，檢查任何能躲藏的地方，包括水盆，不放過任何一隻倔強的蟋蟀。

豹紋守宮是夜行性動物，因此最好在晚上餵食你的守宮，在晚上餵食能避免那些應該成為食物的動物趁守宮在白天睡覺時咬傷他。第二重要的是用獵物難以逃脫的淺碟子餵食，市面上能找到許多這種碟子，而且價錢合理，這對於仿自然籠舍特別好用，如果蟋蟀或麵包蟲逃脫了，他們會靠著植物或睡著的守宮存活數個月，這很可能會毀掉精心擺設的植物。另一個問題是逃脫的蟋蟀或麵包蟲如果沒有馬上被吃掉，會逐漸失去營養價值。

裝載營養

在把蟋蟀或麵包蟲餵給守宮之前，有幾個步驟必須先完成。

可以偶爾提供無毛乳鼠給成體守宮。

要先用富含營養的食物餵飽他們，現成的蟋蟀飼料、雞飼料、倉鼠飼料還有嬰兒麥片都能當作良好的主食（de Vosjli et al., 2004），紅蘿蔔絲、柳橙切片和甘藍菜或紅葉萵苣之類的深色蔬菜可以當作副食品。如此的大餐可以提供守宮成長發育所需的營養。將蟋蟀或麵包蟲餵食給守宮之前的二十四小時先餵飽他們，這樣可以確保他們在被守宮吃掉之前有時間能進行同化作用。

營養品

守宮除了主食之外還需要加入礦物質和維他命的補充，倒些營養品到塑膠杯裡面，加入蟋蟀和麵包蟲，輕輕地搖一搖，讓營養品附著在食物身上，就搞定了。粉末可以在食物被吃掉之前留存一段時間，事實上，蟋蟀的外骨骼可以保留大量的營養品持續數小時。另一個方法是把營養品裝在淺碟子裡，也能達到一樣的效果。

使用爬蟲專用的維他命跟礦物質營養品，可以在寵物店取得，最好以 b－胡蘿蔔素的形式來提供維他命 A 給守宮，這樣做可以避免給予

過量的維他命 A。

　　如要確保你的豹紋守宮能活得長長久久，請遵循以上的步驟，補充額外營養對於預防骨骼代謝症尤其重要。

水

　　雖然豹紋守宮生活在乾旱的棲地，但他們仍需要規律的水分補充，可以簡單的在籠舍裡放置水盆，多種形式的水盆都可以使用，從塑膠盆到專為仿自然環境設計的容器。關鍵在於定期清潔並加入乾淨的飲水，如果水髒了或是沒有更換，就會成為細菌和病原體的溫床，如果守宮飲用被汙染的水，很可能造成他生病。

準備食物的正確方式

俗話說：「吃什麼像什麼」，
這句話在豹紋守宮身上也適用，
用正確的方法準備食物是維持守宮長久健康的關鍵。
食物的準備可以分為兩個部分：裝載營養和營養補充品。
裝載營養的意思是給予蟋蟀、麵包蟲、蠶寶寶或其他飼料昆蟲營養的大餐，如此一來這些營養最終就能轉移到守宮的肚子裡。
將飼料昆蟲放在塑膠盒裡面持續二十四小時，不提供水和食物，這樣能確保他們變得很餓並且吃掉你給的任何食物，接下來給他們蔬菜例如紅葉萵苣、甘藍菜等等，同時也給予雞飼料或粉狀的鼠類飼料，這樣可以更進一步提升蟋蟀和麵包蟲的營養程度，在水份方面，提供柳橙或是紅蘿蔔切片。在餵食給守宮之前先讓飼料昆蟲進食大約二十四小時，並且要完成第二步驟——包覆營養補充品。一個 16 盎司（453.6 公克）的塑膠杯就很好用了，放入已經裝載營養的飼料昆蟲，接著再加入少許維他命和礦物質補品粉末，輕輕攪拌杯子裡的東西讓營養品能附著在蟲體上。不要加入過量的營養品，如此一來杯子底部就不會殘留太多粉末。

在籠舍內放置水盆也有助於維持正確的溼度，對於幫助守宮脫皮也很重要，把籠舍的角落淋濕也是鼓勵守宮喝水的方法之一，有些飼主甚至直接沾溼守宮的嘴巴。

為什麼我的豹紋守宮不吃東西？

一旦豹紋守宮出現拒食行為，就必須立即關注，這種狀況通常被稱作「厭食症」，有多到數不清的原因可能造成守宮拒食，因此必須要盡快調查清楚。

脫水

導致拒食很常見的一個原因是脫水。試著輕柔的將守宮的皮膚拉起，如果皮膚沒有立即回到原位，有很大的可能性是脫水。對於脫水的豹紋守宮，首先第一步先在籠舍內提高濕度，如果水盆空了，將水補滿，輕輕地將守宮放進淺水盆，通常他們馬上就會開始喝水。如果這不管用，用噴瓶在他的吻端灑點溫水（不是熱水），動作一樣要輕柔，才不會嚇到他，通常守宮會自己舔掉嘴巴上的水。

如果嘗試過以上兩種方法，你的守宮還是不喝水的話，用眼藥水瓶裝水，輕輕的滴幾滴進去守宮的嘴巴，給水量不要超過總體重的百分之五，你可能需要以這樣的方式給水持續幾天，直到他恢復。

確保你的守宮有個潮濕底材

番茄蟲對成體豹紋守宮是種良好的飼料，現在已經可以買得到。

許多飼主會將鈣粉用小碟子裝著放在籠舍裡，讓守宮自行取食。

的躲藏處，這可以讓他維持體內水平衡更容易些，而且也更接近原生環境，通常當脫水的守宮補充水分之後，就會開始吃東西了。

溫度

不正確的溫度是另一個導致豹紋守宮拒食常見的原因。如果守宮身處在溫度過低的環境，為了避免食物沒有被完全消化，他會自動停止進食，同樣的，如果溫度過高，守宮也會停止進食。如果籠舍內的溫度在短時間內變得太熱或太冷，可能會造成守宮將腸道內的食物嘔吐出來。因此，將籠舍內的溫度維持在大約 21°C 至 31°C 之間，加上冷區熱區都要有足夠的躲藏處，能讓守宮自由選擇適合的溫度。簡單地調整籠舍的設計，就能讓不吃東西的守宮搖身一變成為貪吃鬼。

其他原因

如果嘗試以上策略都無法讓你的守宮恢復進食，就必須帶他去一趟獸醫院了，獸醫可以確認守宮的身體狀況，並找出可能導致拒食的原因，包括寄生蟲或是隱孢子蟲感染。

第四章

繁殖

豹紋守宮很容易可以在人工飼養環境下繁殖，繁殖這種有趣的蜥蜴有許多好處，包括提供健康的人工繁殖個體給寵物市場，減少野外捕捉的需求。本章將會討論基礎的豹紋守宮繁殖，我們也提供一系列美麗的色彩品系。

成熟的雄性豹紋守宮具有明顯的股孔，雌性則沒有。

性別

　　成功繁殖的基礎在於你有一對成體守宮，辨認成體豹紋守宮的性別很簡單，從腹面看過去，雄性有較大的股孔排列成 V 型，同時雄性在泄殖腔下面具有一對膨脹的半陰莖，如欲觀察半陰莖的凸起，輕柔地將尾巴往後折，務必要非常小心，不要把尾巴弄斷了！這時從旁邊看，凸起就會非常明顯了。雌性的股孔很小，同樣把尾巴往後折，就看不到像雄性的凸起或是很小。由於豹紋守宮的性別由孵化時的溫度決定，許多繁殖者孵蛋時以控制溫度來獲得想要的性別，因此在購買幼體時就能確定性別。

性成熟

　　豹紋守宮大約在體重達 35 到 40 公克時性成熟（de Vosjoli et al；Bergman），要達到這樣的體重大約需要培育十至二十四個月，進行繁殖計畫的守宮應該要健康，不能太瘦。在北半球，豹紋守宮的繁殖期大約從一月到十月（de Vosjoli et al, 2004）。

設定繁殖組合

循環

就像其他外溫動物一樣，豹紋守宮需要經歷生理循環才能觸發繁殖行為，大部分繁殖者使用兩種方式達成生理循環。第一種，減少冬天的日照長度，直到加溫燈每天只開啟八小時，到了春天，漸漸增加日照長度直到每天十四小時，這種燈光的改變可以模擬豹紋守宮在野外會經歷的狀況。

第二個重要的循環是讓要繁殖的個體經歷一年內的溫度變化，冬天時籠舍內的溫度應該要較冷，春天、夏天和秋天則要較溫暖一些，使用加溫器在籠舍的一端加熱，並連接上溫度控制器，設定在大約 32°C 左右，房間裡的背景溫度理應較低一些，這樣就能創造一個溫度梯度讓守宮能選擇他想要的溫度，藉此守宮可以讓體溫等同室溫，或是最高可以到 32°C，跟其他外溫動物一樣，這樣的設置比起恆溫的籠舍更接近自然環境的條件。

冬天時，守宮通常會睡在躲藏處，一個塑膠容器，側邊挖一個守宮兩倍寬的洞，就能滿足他們的需求。稍微潮濕的蛭石可以讓守宮過得更舒服，而且也能避免這段活動力降低的時期過度乾燥，冬天時活動力和食慾降低的這段時期稱為冬*眠*。

迎接
小寶寶？

雖然現在爬蟲玩家的潮流是繁殖他們的動物，但你沒必要覺得如果不繁殖就算失敗，不是每個人都適合當繁殖者，也不是每個人都應該去嘗試，只有當你謹慎考慮繁殖所牽涉的項目，包括要如何處置新生小寶寶，才應該進行繁殖計畫。如果缺乏一個計畫，你可能最後會有一大群蜥蜴要照顧。在跳進繁殖爬蟲這個大坑之前請先考慮清楚。

愛之吻

豹紋守宮交配時，雄性會用嘴巴咬住雌性的脖子，可能在脖子上留下某種特別的傷口，不過這種傷口並不深、也不會流太多血、或是感染，你不需要擔心。

籠舍

許多成功的繁殖者將繁殖守宮的籠舍打造成「後宮」（de Vosjoli et al., 2004；Black, 1997），理想上，在這樣的設置裡會有一隻雄性配上五隻雌性（Tremper, 2005），為了達到目標，必須要先正確地分辨守宮的性別。多於一隻的雄性可能會造成要去找獸醫進行縫合手術的緊急狀況，我們看過不只一次這樣的狀況，雄性的爭鬥是如此暴力，偶爾還能看到一隻雄性的手腳被撕裂，最後在另一隻雄性的嘴裡找到，既然豹紋守宮的性別很容易分辨，這類的慘劇就不應該發生。

如果要採用後宮飼養法，要確保每隻雌性都能得到充足的食物，同時也要補充維他命和礦物質，尤其是鈣質。為了吃東西不落人後，雌性之間偶爾會發生競爭的現象，假如發現某隻雌性出現支配其他雌性的現象時，就可能需要將她移出。如果你只有一對守宮要繁殖，順序是將雌性放進雄性的飼養箱。

許多人會選擇具有特殊色彩花紋的個體進行繁殖。

豹紋守宮對於另一半的容忍力很高，因此如果你只有一對守宮，很輕鬆就可以將他們養在一起，不過飼主務必要再三確認他們真的是一對，如果是兩隻雄性，那後果可能不堪設想，另一方面，兩隻雌性可以和平地住在一起。

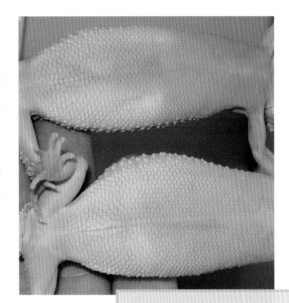

豹紋守宮有半透明的腹部，你可以直接看到發育中的濾泡（下）以及早期的卵（上）。

求偶

如果雌雄雙方都準備好要繁殖了，一旦雌性守宮進入雄性的領地內，雄性會立即想要交配，然而還沒準備好繁殖的雌性會展現出拒絕的行為，這些行為包括搖尾巴、發出痛苦的聲音，還有把身體攤平讓自己看起來更大，這時最好先將雌性移出領地，過一陣子之後再嘗試，如果沒有觀察到此現象，就可以讓雌性留在領地裡面。在大多數情況下，飼主觀察不到交配行為，交配時，雄性通常會用嘴巴緊抓雌性的脖子，這種行為在交配時才會出現，實際的交配時間通常不會超過五分鐘。

懷孕

如果雌性守宮懷孕了，很快就能透過她半透明的腹部皮膚看到蛋，大部分豹紋守宮一次會有兩顆蛋，但有時也只有一顆，但好消息是雌性守宮每年可以產下約八至十窩的蛋，因此在正確的條件下，單一一隻雌性就能生產出大量的守宮寶寶，而且很顯然，如果在繁殖期間提供更營

挾蛋症

挾蛋症（Egg-binding），也就是難產，似乎在豹紋守宮身上很少見，大多數情況都可以藉由提供一個產卵用的巢箱來避免難產發生，但如果孕婦不滿意你提供的巢箱，她可能會忍住不生蛋，這樣就容易導致難產，不論是蛋的體積太大難以排出，或是雌守宮的生殖系統太脆弱無法產下過大的蛋，如果守宮出現難產症狀，就必須要去一趟獸醫院，通常獸醫會先嘗試藥物治療，例如給予催產素，如果沒效，就會需要手術治療。

養的餐點給她，就能得到更多蛋。就如同文章先前所述，雌性守宮為了蛋能正常發育，也需要持續地補充維他命和礦物質，尤其是鈣質。

築巢

在繁殖期間，放置一個巢箱在籠舍內會是個好點子，簡單的塑膠盒（20×10公分）就能當作巢箱使用，在容器的邊緣切出一個守宮身體兩倍寬的洞口，讓她能自由進出，容器裡面應該要放些濕潤的沙子、蛭石、苔蘚土或是以上材料的混合。底材應該要足夠潮濕到用手握緊能結成一團。

如果守宮小姐沒有去使用為她準備的巢箱，那可能是蛋出了些問題。大部分時候，如果蛋有成功受精，雌性會將蛋產在巢箱內。如果是先前提到後宮式的繁殖，應該要採用更大的巢箱來容納多個雌性的蛋，或是你也可以放置多個巢箱。

巢箱放在籠舍裡的熱端或冷端都行，如果使用兩個巢箱，則可以冷熱端各放置一個，讓守宮能選擇要在何處產卵，隨時注意放在熱端的巢箱有維持足夠的濕度，也要避免巢箱的溫度過高。

孵蛋方法與條件

多數的豹紋守宮繁殖者都認同將蛋移出巢箱，並使用孵蛋箱來孵化，是成功機率最高的方法。移出巢箱裡的蛋，愈快愈好，接著將他

們放到孵蛋箱的底材上面。將蛋移出巢箱放進孵蛋箱時，要確保蛋的方向保持一致，這麼做能保護發育中的胚胎脆弱的血管不被破壞。受精的蛋剛產下時既軟又黏，蛋過沒多久就會變得堅硬，顏色也變為白色，未受精的蛋通常幾天後就會開始發霉，屆時應該要盡速將之移出孵蛋箱。

孵蛋底材

蛋在成長發育時需要適當的水分，最簡單的方法是使用蛭石加水當作孵蛋材料，濕潤的珍珠石（Perlite）加水也能有一樣的效果，可以在許多文章找到關於底材和水精確的細節，沃斯朱里建議底材與水的比例大約六比四，也有其他人建議一比一混合，不過說實話，多少比例似乎沒那麼重要，如果蛋是健康的，他們應該能保持濕潤並且自己孵化。如果成體守宮維持健康的素質，他們生的蛋應該就是健康的，如果飼主有正確地照料守宮，那麼他們生的蛋甚至有「防彈」功能，混合水和蛭石形成鬆散的團塊就足夠了。

孵蛋的材料應該要放置在大的塑膠容器，像是塑膠鞋盒或整理箱，在側邊鑽幾個通風用的小洞。簡單的塑膠盒放置在房間溫暖的角落，就能成為豹紋守宮的孵蛋箱，也有專門設計的孵蛋箱。要成功孵出小豹紋守宮，孵蛋溫度範圍必須在23.9°C 至 35°C

雌性的橘化守宮正在蛭石上產卵。

之間（Viets, 2004），如果孵蛋箱的溫度超過此範圍，那麼蛋裡的胚胎就會死亡。

孵蛋
小技巧

最好能在迎接守宮蛋之前先將孵蛋箱設置好，在放入脆弱的蛋之前確保溫度是正確的。

雞蛋孵蛋箱是個不錯的選擇，因為它能提供發育中的蛋恆定的溫度，舊冰箱也是選項之一，將加熱墊連接上電子控溫器就能有很好的效果；電子溫控器可以在五金行等商店找到，用來加熱爬蟲箱的小型加熱墊就足夠充當孵蛋箱的熱源。

將電子溫控器連接上加溫器，並將感溫探針放置在舊冰箱裡，關鍵是要在放入蛋之前先校正好孵蛋箱的溫度，最簡單的方法是使用「室外／室內電子溫度計」來測量孵蛋箱的溫度，如果一切設置得當，每日的溫度波動不應該超過 $0.6°C$，如果放置孵蛋箱的房間溫度變化很大，那就會很難維持恆定的溫度，可以選擇將孵蛋箱放置在溫度相對穩定的地下室來克服這個問題。

TSD（溫度決定性別 Temperature–dependent sex determination，簡稱 TSD）

不像我們所熟悉的一般動物，豹紋守宮以及其他爬蟲類物種的性別不是由基因遺傳決定的，而是由蛋在孵化過程的溫度來決定，因此在孵蛋過程維持恆定的溫度對於決定豹紋守宮的性別非常重要。

TSD 機制可以在烏龜、鱷魚還有蜥蜴身上發現，包括豹紋守宮。較高的溫度（$32.2°C$ 至 $33.3°C$）將會孵出較多雄性後代，較低的溫度（$26.1°C$ 至 $26.6°C$）將會孵出幾乎全部是雌性的後代，至於介於中間的溫度則會

產出兩種性別。根據維爾特（Viets）的研究（2004），有個有趣的現象：孵蛋時間可以短至三十六天（維持 32.2°C），最長可到一百零七天（維持 23.9°C），當孵蛋溫度接近致死溫度時（超過 32.2°C），天數則會再加長，該研究也顯示孵蛋的最初兩週會決定性別。

對於繁殖者來說可以廣泛運用以上資訊。豹紋守宮的繁殖者可以使用不同的溫度來孵蛋，一邊生產雄性，另一邊生產雌性，在銷售時就可以預先知道守宮寶寶的性別，不用等到性徵出現，通常精明的繁殖者會培育雌性多於雄性，因為一隻雄性就能與多隻雌性配對，因此如果要進行大型的繁殖計畫就可以選擇在每個世代生產較多雌性。當然，溫度愈低，孵蛋所需要的時間就愈久，時間愈長，孵化過程出錯的機會可能愈高。

照顧小寶寶

把幼年的爬蟲類和兩棲類養大至成體常常令人感到氣餒，然而由於豹紋守宮是種容易飼養的生物，可以讓人輕鬆地接觸錯綜複雜的繁殖

其中一種受歡迎的色彩表現——蘿蔔尾，因為尾巴上的亮橘色而得名。

世界。剛孵化的守宮寶寶比起其他守宮物種還要來得大，而且食物取得很容易，例如小蟋蟀或是迷你麵包蟲，許多守宮的小寶寶體型非常小，例如帶紋守宮，由於他們剛開始只能吃超小的獵物，因此在飼育幼體上較為困難。

在此建議將剛出生的守宮寶寶分開單獨飼養，避免室友之間互相競爭，這個做法可以確保每隻守宮都能以最高的速率成長，也能促進無菌的環境，避免感染源互相流通。假如你堅持將守宮寶寶養在一起，請確保他們的體型差異不大，如果某隻守宮比其他隻大得多，就很容易會支配體型較小的個體，可能造成較小個體的健康問題並導致死亡。

有許多種類的籠舍可以用來飼育守宮寶寶，對於那些喜歡觀察自己寵物在做什麼的人來說，一個標準的 10 加侖 (37.9 公升) 水族箱或許最為合適，而對於需要容納大量守宮寶寶的人來說，塑膠鞋盒或類似大小的籠舍比較適合，這類型的籠舍可以在很多商店都能取得，也不會太

孤單的守宮

或許有很大部份的人只是單純想養隻豹紋守宮，並不想繁殖他們，不繁殖最簡單的方法是購買單獨一隻雄性，但如果你買到的守宮寶寶長大後發現是雌性的話，那就會有些麻煩了。雌性守宮就算缺乏雄性將卵受精，也會有卵產生，因此她們一樣需要一個孵蛋箱，避免挾蛋症發生。有一些研究指出針對雌性豹紋守宮實行「生育控制」是可行的，迪納多和奧圖（2000），藉由在雌性守宮的體腔內植入 5 毫克的諾瓦得士錠（Tamoxifen，一種抗雌性激素），成功減少卵的產生，雌性守宮如果在卵開始發育之前被植入諾瓦得士錠，就不會產生卵，換句話說，如果卵已經開始發育了，諾瓦得士錠就無法停止。有些實驗動物在停止用藥之後，會在下一季繼續開始產生卵。

貴，同時塑膠也不像玻璃那麼脆弱，可以輕易地移動位置而不容易破掉。

廚房紙巾對守宮寶寶來說是最好的底材，它的優點是可以很輕鬆地確認乾淨程度，並且可以一次將髒汙清乾淨。雖然沙子更

剛出生的守宮寶寶雖然很小，但是他們很強韌。

為美觀，但是許多案例指出沙子會造成腸道阻塞，因此應該避免使用，尤其是對幼體守宮，他們還不太擅長在獵食的時候避免吃進太多底材。

通常守宮寶寶在出生一週內就會蛻皮，就像是成體守宮一樣，他們通常會把脫下來的皮吃掉，所以如果你沒觀察到蛻皮現象也不用太緊張。

第一次蛻皮之後，就可以餵食守宮寶寶兩週大的蟋蟀，大約在幾週後，他們就能成長到足以吞下三週大的蟋蟀，餵食的大原則，是給予多隻小蟋蟀而不是一隻過大的蟋蟀，小型的獵物比較容易消化，並且可以降低傷害到幼體守宮脆弱消化道的風險。

豹紋守宮寶寶每二到三天要餵食一次，並且在數小時後移除沒吃完的食物，如果蟋蟀留在籠舍裡，他們會毫不猶豫地把正在睡覺的守宮當作食物，守宮的尾巴或腳趾對飢餓的蟋蟀來說可是美味的大餐。所有昆蟲在餵食給守宮之前都必須要先將他們裝滿營養，維他命和礦物質的補

充對於守宮寶寶的成長發育也很重要。裝載營養和營養品補充的細節請看第三章。

無紋的守宮寶寶，這裡使用的孵蛋底材是珍珠石。

其他的食物類型，例如麵包蟲和灰色蟑螂（lobster roach），應該要加入食物組合中。不要使用太大隻的麵包蟲，因為對守宮寶寶來說太難消化了，麵包蟲愈小，其表面積與體積比愈大，因此在守宮的腸胃道裡胃酸愈容易將食物分解，當食物太大，能消化吸收的程度就愈低，而且可能造成守宮嘔吐，嘔吐對於守宮是極大的壓力，因此應該極力避免。

水分對於飼養環境中的爬蟲極為重要，尤其對幼體來說。隨時提供給豹紋守宮寶寶充足的水分，可以使用牛奶瓶蓋或是其他相同大小的淺塑膠容器，把籠舍的一邊或角落澆濕也是一個提供水分的方法，但是要避免澆濕整個籠舍，因為這樣容易促進細菌和真菌滋生。除此之外，澆濕籠舍不僅提供更「天然」的水源，也能提高蛻皮過程所需的環境濕度。

正確的加溫是飼養任何爬蟲都必須考慮的因素，因為他們需要熱源來維持基礎代謝功能。對於守宮寶寶應該使用底部加溫器，例如加熱片或是加熱墊，將加溫設備連接溫控器並且維持穩定的溫度（30°C）。迪奧圖和奧多（1995）表示，在日間提供熱源能夠提升幼體豹紋守宮的成長速率。

動物必須要在環境中感到安全，才能確保正確地成長，因此最好的

辦法是提供一個躲藏處，讓守宮可以躲避外面的視線並且舒適地休息，躲藏處可以有很多種不同的形式，可以是人造岩石屋，也可以是紙捲筒，任何能提供安全感的躲藏處對於守宮寶寶正確的生長發育都有極大幫助。

用心觀察

當你將一群守宮寶寶養在一起時，必須要謹慎觀察，確保每一隻都能得到足夠的食物，如果體型之間有差異，就要分隔開來，將體型相近的個體養在一起。

令人驚豔的豹紋守宮品系

由於人工繁殖的蓬勃發展，豹紋守宮發展出無數種在野外無法見到的顏色和花紋，出現在市場上，這類人為選擇產生的顏色和花紋，在玩家之間以「品系」來稱呼，每年幾乎都會有新的品系產生。

近年來，大約有超過三十種不同的豹紋守宮品系可以選擇，大部分都是在八至十年前持續培育而來（Tremper, 2005），最初，一個新品系的花費可能高達數千美元以上，然而由於豹紋守宮實在太容易飼養繁殖，通常不需要太久，就能從天價變成一般人能接受的價格。最明顯的例子是曾經非常昂貴的白化品系，現在只需要不到當年十分之一的價格就能入手。

白化是最受歡迎的品系之一，圖中是一隻白化守宮寶寶。

白化分為數種形式，圖中為兩隻白化豹紋守宮，分別是淺色和深色。

豹紋守宮的品系可以拆開成花紋的變異跟色彩的變異來看，在那麼多變異裡面，有許多品系單純根據創始者的名字來命名，而這些品系很多都是結合花紋和色彩變異的結果。孵蛋的溫度不只會對性別產生影響，同時對於色彩生成也很重要（Viet, 2004），因此有些市面上見到的品系或許不是真正有基因變異，而只是孵蛋溫度造成的結果，在下手購買之前務必要先做功課。

從最初野外捕獲的豹紋守宮開始，繁殖者已經培育出無數種花紋品系，包括叢林、直線、反轉直線、無紋；以及色彩品系，例如高黃、輕白、薰衣草、幽靈、白化、黑化、白變等等，還有一種稱作「巨人」的品系，體型比起平均大得多。

原色

兩個深色像馬鞍的色塊橫跨身體，再加上三或四條尾環紋，就稱作是經典或原色品系，同時身上有大量深色斑點，這也就是「豹紋」守宮名稱的由來，頭上覆蓋的是比較小的斑點，這些斑點大多是黑棕色，或是紫色。當守宮還是小朋友的時候，他們身上的馬鞍狀色塊會更明顯，但是隨著年紀增長會漸漸變淡消失，帶狀條紋之間的底色是暗黃色或是奶油色，這種野生型的豹紋守宮同樣也有屬於自己野性的美麗。

高黃

　　高黃變異代表個體比原色豹紋守宮帶有更多黃色，原本深色的豹紋斑點縮小，並增加更多黃色底色，最終呈現的就是一隻明亮色系的豹紋守宮，許多玩家對此愛不釋手，高黃也是 1975 至 1990 年間唯一能取得的變異品系（Tremper, 2000）。

叢林和直線

　　就像其他受歡迎的寵物爬蟲，例如球蟒和地毯蟒，豹紋守宮同樣也有所謂的「叢林」變異，川普（2004）描述叢林品系的特色是不規則、不對稱以及深色的斑點，底色通常是硫磺色，且尾巴沒有環，底色與斑點之間呈現鮮明的對比是叢林品系最大的賣點，根據川普（2000）所述，叢林最早從 1994 年發展出來，並且第一隻直線守宮也是以此為基礎培育出來。

　　基因型的直線是種花紋的變異，普遍存在各種爬蟲類，包括豹紋守宮，豹紋守宮的直線表現並不像其他爬蟲類那樣引人注目，但仍然非常有趣。直線有可能從脖子一路延伸到尾巴，或者是只延伸到身體的局部，除了一般直線品系，另外還有反轉直線，也就是背部的直線是深色的，此兩種的尾巴都有可能是直線或斑點。

無紋

　　最後一種要介紹的花紋品系是無紋守宮，常常被誤稱成白變，這種

養成
記錄習慣

如果你有意進行選擇性育種，那麼紀錄守宮的各項細節就是基本工作，持續追蹤紀錄守宮的親代、手足、還有子代，以及他們各自的基因型，同時也紀錄任何特殊的事件，例如不尋常的成長速率、顏色變化、或是其他發展。如果沒有仔細記錄，你就無法正確地配對守宮並得到想要的子代。

叢林品系具有破碎不規則的紋路，尾巴沒有環紋。

守宮成體時缺乏一般守宮身上會有的斑點，因為這樣，他們的身體呈現單一的顏色，有許多種顏色變異都可以當作無紋，而且無紋守宮可以隨心情、光線、溫度或其他因素，大幅改變顏色，最受歡迎的顏色之一是奶油黃。無紋守宮寶寶是白色並帶有棕色或銅色斑點。

橘化

有許多種變異都會在身體某部分或尾巴基部展現橘色，橘色通常會表現在在尾巴前段，當尾巴上的橘色很大量時，常會被稱為蘿蔔尾。橘化變異常常拿來與無紋品系配對，產生純橘色的守宮，根據川普（1996），這種變異最早在 1996 年培育出來。

暴風雪

暴風雪守宮是種有藍黑色眼睛的白色守宮（Vella, 2000），此種品系有淺灰色的頭部，和幾乎半透明的身體，體側有淡淡的黃色，尾巴全白，因此暴風雪與白變品系不同之處在於，他

無紋 VS. 白變養成

無紋豹紋守宮常常被誤稱作白變（Leucistic），但其實這兩個名稱指的是不同東西。無紋單純是指缺乏一般豹紋守宮身上有的紋路，白變的動物（守宮、蛇、或其他物種）其白色素則會蓋過其他顏色和紋路，與白化（Albino）不同的是白變的眼睛不是粉紅色，而會呈現藍色或黑色。

譯註：造成白變的原因應是身體缺乏各類型的色素細胞，而非白色素蓋過其他顏色，而白化則是缺乏黑色素。

們是有花紋的，只是不明顯（Vella, 2000），繁殖出第一隻暴風雪守宮的親代帶有大量斑點，而且體型異常巨大。當暴風雪品系與白變守宮配對後，大多數的後代擁有普通的顏色和外表，但也有可能生出一隻亮黃色的寶寶，同時帶有父母雙方的特徵，維拉（2000）將這種變異命名為「香蕉暴風雪」。

圖中Hypo高黃豹紋守宮的名字來自於Hypomelanistic（缺乏斑點）還有亮黃底色。

白化

　　白化豹紋守宮也是廣受歡迎的色彩品系，白化的動物皮膚缺乏黑色素，因此白化守宮全身呈現美麗的黃色。白化的個體通常被稱作白子，許多繁殖者將白化個體與其他品系配對，創造出更多的色彩變異。

　　早期的白化守宮並不像其他白化爬蟲或兩棲類，一定帶有紅眼特徵，直到 2005 年羅恩·川普培育出一個色彩亮麗的品系，R.A.P.T.O.R 豹紋守宮（紅眼、白化、無紋、川普、橘化的英文字首縮寫），此品系是由 A.P.T.O.R（白化、無紋、川普、橘化）所延伸出來 （Tremper, 2005）。

　　如果以上這些品系讓你感到怯步，請記住就算是再普通不過的條紋，也有與生俱來的美麗，儘管忽略他們的色彩和花紋，豹紋守宮仍然是很棒的寵物，然而，對於那些企業化飼養爬蟲的人來說，豹紋守宮也是個理想的選擇，讓你可以享受快速的變化。無論你是第一次購買爬蟲，或是第一百次發誓這將是最後一次了，擁有一隻豹紋守宮可以保證你的付出能得到回報。

第五章

健康照護

豹紋守宮是種生命力堅韌的動物，在正確的照顧下壽命能達到二十年，如果飼主一開始選擇健康的守宮，並提供良好的照顧，就不需要常常拜訪獸醫。與健康相關的問題可小可大，但是作為飼主，最大的目標就是要避免任何問題發生。

與爬蟲獸醫建立良好關係，對於寵物的長久健康很重要，圖中是一隻肥尾守宮。

許多健康問題是由糟糕的籠舍設計造成的，在購買豹紋守宮之前仔細複習他們的棲地需求，避免產生任何由不正確照顧引發的問題，如果你已經有別隻守宮，就必須要將新來的守宮先隔離，就算獸醫診斷他是健康的。

選擇獸醫

要找到有爬蟲經驗的獸醫已經不是難事，隨著專業爬蟲醫藥書籍以及網路資訊愈來愈容易取得，現在的獸醫比起以前可以取得更多知識，找到一個可以信任的獸醫，能正確對待你的寵物、花時間做仔細地診察，並且收費能夠負擔得起，有個好方法是帶著新入手的寵物去做健康檢查，如果你的豹紋守宮表現出生病或只是有點「不對勁」，就能與值得信任的獸醫建立良好的合作關係，好的獸醫照護決定你的新寵物能陪伴你幾個月或是幾年。

蛻皮

豹紋守宮會定期蛻皮，如果他開始變得灰灰的，沒有光澤，那很可能就是要蛻皮的前兆，皮膚接下來會從身上一片片剝落，守宮習慣吃掉脫下來的皮，目前尚未清楚此舉是為了要補充營養或是要避免吸引掠食者。

蛻皮過程偶爾會發生些問題，通常是舊皮卡在腳趾，而此種狀況又常常與疏忽照顧有關，由於脫皮不順利是缺乏濕度所導致，因此當舊皮卡在腳趾或是身體其他部位時，可以嘗試浸泡溫水改善，但如果舊皮仍然緊緊黏附，就可能必須動用雙氧水浸溼皮膚（眼睛周圍除外）。如果要浸泡守宮，將他放置在一個無法逃脫的容器，水位到達守宮的肚子就可

以，浸泡大約一個小時，或是直到水冷卻，浸泡時一定要在旁監看。

為了提高濕度以確保蛻皮過程順利，在籠舍內放置裝水的淺容器，以及含有潮濕底材的躲藏處，讓守宮能自由選擇，如果你的守宮看起來有點生病或是每次都蛻皮困難，建議帶他去一趟獸醫院，如果腳趾因為蛻皮困難而造成受傷，可以塗抹少許抗生素藥膏防止傷口感染。

豹紋守宮和其他擬蜥物種通常會把舊皮吃掉，但是原因仍尚待研究。

斷尾

豹紋守宮與其他蜥蜴一樣，隨時準備捨棄他的尾巴，若是粗魯地從尾巴抓住守宮，就很可能造成你的守宮尾巴缺陷，把兩隻雄性守宮養在同一個籠舍也可能因為打鬥造成斷尾，或是籠舍內的擺設以及家貓都是造成斷尾的可能原因，飼主應該要對於這些潛在的危險有所警覺。失去尾巴對守宮來說並不是世界末日，尾巴會重新長回來，只是不會像原來的那麼完美，若真的不幸斷尾了，可以在傷口搽些抗生素藥膏避免感染。

殘留的舊皮纏住這隻豹紋守宮的手腕，正確的溼度可以防止蛻皮殘留。

爛嘴

爛嘴病會讓嘴巴附近呈現腫脹的外觀，或是造成嘴巴周邊潰傷，把嘴巴打開可以看到遍布膿瘡，爛嘴病主要成因是不衛生的環境，或是嘴部受傷。

一天一至兩次使用雙氧水塗抹受感染區域，籠舍內的溫度也必須提升至適當溫

度，如果守宮有爛嘴病伴隨的呼吸道感染，或是嘴部的感染持續好幾天，就必須要給獸醫檢查，才能將傷害降至最低。爛嘴病可能發展成嚴重問題，因此一旦發現就要立刻治療。

受傷

最常見的受傷原因莫過於居住在同一個籠舍的守宮之間的打鬥，雄性較容易挑起爭端，但是雌性有時也會展現侵略行為。碰觸到加溫燈或是其他熱源造成燙傷，可能導致嚴重受傷，永久疤痕，甚至死亡。

大多數的傷口只需要外用抗生素就足以治療，但是更嚴重的深度傷口或是燙傷，就必須求助獸醫，通常建議的療法裡面至少會包含注射型抗生素。

尋找爬蟲獸醫

要找到具備兩棲爬蟲經驗的獸醫並不是件容易的事，這裡有幾點建議可以幫助你找到理想的獸醫。

• 在電話簿裡面找到「特殊寵物」或「爬蟲類」的獸醫，打電話詢問他們是否熟悉豹紋守宮。

• 詢問附近的寵物店、動物收容所或動物園，看看他們有沒有推薦的人選。

• 詢問爬蟲相關社群，他們較有可能知道這方面的獸醫。

• 直接與兩棲爬蟲獸醫協會聯繫，他們的網站是 www.arav.org。

呼吸道感染

呼吸道感染通常是因為環境溫度過低所造成，如果發現守宮口吻處分泌泡或黏稠物，或是嘴巴持續張開、喘氣、呼吸困難等症狀，先確認籠舍內溫度是否正確。確保你的守宮躲藏處溫度在 29.4°C 附近，如果冷區溫度平常介於 21.1 至 23.9°C，請將溫度提高至 26.7°C。

如果幾天後你的守宮沒有明顯好轉，就需要帶去給獸醫檢查，這種時候很可能也是使用抗生素治療。

不健康守宮的徵象

如果你的守宮表現出以下幾點特徵,請帶去給獸醫
檢查,如果你對此不太確定,最好是尋求專業獸醫的意見,
而非等待接下來會發生什麼事,愈早去看獸醫,復原的可能性愈高。

- 糞便異常——拉稀、顏色不正常、惡臭、有蟲
- 躺著的狀態無法自行翻身
- 倦怠或行動遲緩——可能是因為溫度過低
- 拒食——可能是溫度過於極端
- 蛻皮不順——特別是舊皮卡在腳趾、腳掌、四肢
- 眼睛濕潤
- 嘔吐
- 體重減輕

寄生蟲

所有新入手的守宮都必須要先經過仔細的寄生蟲檢查,糞便檢驗是個相對不那麼昂貴而且節省時間的檢驗方式。糞便檢驗包括抹片和糞便懸浮液分析,可以檢測出數種寄生蟲感染,最常見的有線蟲、滴蟲、阿米巴原蟲和球蟲。

寄生蟲感染的外顯症狀包含食慾不振、水狀或含血糞便、昏睡、體重減輕和脫水,事實上,豹紋守宮身上發生的所有寄生蟲感染都是疏於照顧的結果。寄生蟲經由受感染動物的糞便,傳染至另一隻動物的食物上,因此適當的分隔和環境清潔對於動物健康至關重要,處理每隻守宮之後要記得洗手才能繼續處理下一隻,避免疾病傳染。

籠舍清潔對於健康極度重要,排泄物要定期移除。在治療寄生蟲期間,守宮應該要各自分開飼養在簡單的籠舍,並使用紙巾作為底材,頻繁更換底材和清洗籠箱,最好是在每次排泄後。籠舍消毒能使用肥皂水或是稀釋漂白水清洗,可以防止守宮被籠舍二度感染。

線蟲感染最常使用芬苯達唑（fenbendazole）來治療，每七天口服 75 毫克，至少三次療程，在這之後，應該要重新檢查糞便以確保沒有寄生蟲殘留。

阿米巴原蟲和鞭毛原生動物例如滴蟲，都是使用甲硝唑（metronidazole）治療，每七天口服 50 毫克，至少三次療程，如果治療後仍有問題存在，可以藉由糞便檢驗來找出問題，如果你的獸醫開立別的處方或是給予不同於本書的建議，請遵照獸醫的指示。

這隻守宮被具有攻擊性的雄性嚴重咬傷。

球蟲感染一般來說與不乾淨的環境有關，而且容易接觸傳染，因此如果你引入一隻受感染的動物進到另一隻動物乾淨的籠舍，你可能不知情地釀出大禍。球蟲的卵可以在糞便中找到，當嚴重感染時會看到出血性腸炎造成的血便。球蟲感染最常使用磺胺二甲氧密啶（sulfadimethoxine）來治療，每日 50 毫克直到守宮有好轉的跡象並且糞便不再帶有蟲卵，當感染球蟲時，在治療期間維持籠舍內清潔就極為重要。

隱孢子蟲

有種球蟲感染用一般的治療方式是沒有效的，那就是險惡的隱孢子蟲，這種寄生蟲可以傳染給人類，因此在處理感染的動物時需要特別小心，例如配戴拋棄式手套，以及仔細清洗雙手。即使擁有良好的治療和優質的環境，受感染的守宮仍會持續嘔吐和減輕體重，口服甲氧苄啶——磺胺嘧啶（TMP-SDZ），搭配流質營養和電解質補充，可以稍微穩定受感染動物的情況，但是感染隱孢子蟲最終仍是死路一條。

被診斷出患有隱孢子蟲的守宮絕對不可以與其他守宮放在一起，因為隱孢子蟲目前還無法治癒，處理患有隱孢子蟲的動物時必須要非常注

重衛生。綜合此病症的現況，包括照顧生病動物的費用，安樂死可能是比較好的辦法。

骨骼代謝症

骨骼代謝症（MBD）肇因於身體缺乏鈣質，會產生顫抖和下顎柔軟，以及四肢和脊椎骨折等症狀，缺乏鈣質可能直接導致骨骼代謝症，尤其是維他命D3，將要餵食給守宮的昆蟲身上沾滿含有 D3 的礦物粉（不含磷成分更佳），可以預防骨骼代謝症發生，另外在籠舍內放置一個裝有鈣粉的小碟子有兩個好處，第一是守宮可以依照自己的需求舔舐鈣粉，第二是可以避免守宮為了尋找鈣質而去舔食底材，造成腸道阻塞。

快速成長中的小守宮還有懷孕中的守宮媽媽，需要在每一次的餵食都將食物沾上鈣粉，如果是沒有懷孕的成體守宮，只需要每週一至兩次加上鈣粉即可。

如果留意到你的守宮出現任何缺乏鈣質的跡象，建議帶去給獸醫檢查，獸醫會毫不猶豫地根據守宮體重開給你鈣質補充劑，可能還會含有更多的 D3 用量直到狀況好轉。不幸的是，骨骼代謝症會留下永久的畸形，尤其是拖延病情沒有立即治療，每天觀察你的寵物，可以及時發現任何行為上或是外觀的變化，對於維持寵物健康非常關鍵。

驗屍

雖然想起來令人不太舒服，但如果你的守宮不在預期內地死亡了，可以請獸醫進行解剖驗屍，特別是當你家裡還有其他爬蟲的時候，驗屍能夠找出可能感染你其他寵物的疾病。將屍體冷藏，不可冷凍，防止屍體分解。死亡後愈快進行這項程序，獸醫能找到的資訊愈多。

這隻豹紋守宮感染隱孢子蟲，是種嚴重的寄生蟲疾病。

第六章

非洲肥尾守宮

茱莉 · 柏格曼 撰

非洲肥尾守宮（*Hemitheconyx caudicinctus*）是種擁有肥厚身軀的地棲型擬蜥亞科守宮，原生於西非，他們與住在中東地區的親戚豹紋守宮擁有許多相同的物理特徵，其中某些特徵可以從學名上看出端倪："hemi"代表一半，"theconyx"代表爪子或指甲，"caudicinctus"代表環紋尾巴（de Vosjoli et al., 2004）。其他與豹紋守宮共同的特徵包括眼睛有眼瞼、體型（雄性可達 25 公分，雌性可達 20 公分）、壽命（壽命大約十五至二十年，人工飼養可以更久）、雌雄二型（雄性身長較長）、夜晚活動、還有再生尾巴的能力。與豹紋守宮不同之處在於肥厚的身體和顏色不同。

H. caudicinctus 被叫做肥尾守宮，因為他們再生的尾巴呈現肥厚的球狀，大多數野外捕捉的個體都有再生尾。

非洲肥尾守宮是種受歡迎的守宮，野外捕捉個體普遍且容易入手，現在更多的是品系多樣的人工繁殖個體，人工繁殖的守宮遠比野外個體更受人喜愛，尤其野外個體身上常帶有大量寄生蟲，由於入手野外個體必須要經過隔離檢疫和寄生蟲治療，因此只有有經驗的飼養者才能嘗試。人工繁殖的肥尾守宮非常適合作為簡單的豹紋守宮畢業後的進修學分。

自然史

肥尾守宮來自非洲西部地區的喀麥隆、奈及利亞、塞內加爾、多哥、馬利還有象牙海岸，他們在那裡居住的環境是半乾旱的莽原還有灌叢地（Henkel and Schmidt, 2004），在一天當中最熱的時段他們會躲在潮濕的洞穴裡。

簡介

自然狀況下，非洲肥尾守宮身上有棕色和橘色交錯的橫斑，自然環境裡也會看到從頭一路延伸到尾巴末端的白色直線（在帶狀花紋之上），此種白色直線相較於橫斑較少見。肥尾守宮繁殖者培育出許多色彩和花紋品系，其中包括白化、白變和派（由 VMS Herp 培育），雖然肥尾守宮不像豹紋守宮的品系如此繁多，但隨著時間過去，守宮繁殖者們絕對有辦法培育出大量有趣的品系，讓未來的守宮愛好者都能負擔得起。

飼養照顧

肥尾守宮與豹紋守宮的照顧方式很像，其中幾個關鍵的不同在於肥尾守宮比起豹紋守宮喜歡溫暖一點、相對溼度較高的環境，另外一個鮮為人知的不同之處，是肥尾守宮感到壓力時並不會表現出來，許多飼主，尤其是新手，不會意識到他的肥尾守宮正處在壓力的狀態，就算看起來是個普通的狀況，例如上手把玩，而豹紋守宮相較起來有較高的容忍能力。

挑選你的守宮

挑選一隻肥尾守宮最大的重點就是健康，健康的肥尾守宮看上去應該要強壯結實、眼睛明亮、色彩鮮艷，不要挑選髖骨突出、舊皮卡在身上、尾巴或背部扭曲（骨骼代謝症的跡象）、瘦弱、排泄物黏附在泄殖口、眼睛及嘴巴流水、對於刺激無精打采，以上不論是單獨或是同時顯現，全都是生病的跡象。一旦你入手一隻或更多守宮，就可以著手準備他們的家，雄性守宮的籠舍可以稍大一些，而且同個領地裡只能有一隻雄性。

肥尾守宮有兩種原色型態，條紋和圖中的直線。

區分肥尾守宮的性別比起豹紋守宮較為困難，也許是因為泄殖腔和股孔周邊多餘的脂肪讓他更加豐滿，鑑定性別的方法與其他守宮大同小異：雄性會有較多明顯的股孔和膨脹的半陰莖突起，雌性則無，隨著經驗累積，這項工作會變得簡單，一旦你有辦法鑑定性別，就可以開始引入新個體。

居住

守宮這種動物是有領域性的，野外採集的肥尾守宮常見到再生尾（通常是由於打鬥或是掠食者攻擊），似乎證明這種守宮確實非常具有

可以觸摸

一般來說，肥尾守宮稍微比豹紋守宮難馴服，他們可以接受短暫輕柔的上手把玩，但是剛開始通常會咬人，肥尾守宮也比較容易對上手感到壓力。

領域性。

加入新成員後的第一個月必須要密切監督，當引進一隻雌性進入雄性領域或是雄性後宮時，最好能給她一些「優勢」，首先消毒整個籠舍，可以去除其他雌性或雄性留下的費洛蒙，重新排列裡面的擺設，並在介紹給其他守宮之前，給她一至兩天的時間找到自己的位置。

由於肥尾守宮的腳趾缺乏可以吸附牆壁的皮瓣，因此籠舍如果夠高（守宮無法用後腳站立的方式逃脫出去），加上沒有室內掠食者（例如貓），就不需要天花板。要在家裡建造一個好看的守宮屋，可以採用玻璃容器，加上自然風味的材料當作底材、躲藏處還有裝飾，第一步要先選擇適當大小的籠舍，對於一至兩隻成體守宮，一個 10 至 15 加侖（38 至 57 公升）或更大的容器就綽綽有餘了，愈多守宮，容器就要愈大，你也可以使用 18 公升或更大的塑膠整理箱容納一隻成體肥尾守宮。在容器的兩邊記得要鑽洞讓空氣能流通。

溫度

選好容器之後，接著要決定的是加溫的方式，以提供從冷到熱的溫度梯度。非洲肥尾守宮喜歡的溫度範圍大約在夜晚時最低 24°C 到白天最高 32°C，如同其他守宮，冬天時把籠舍內溫度從最高溫下降大約 5°C，即 27°C 左右，是最適合

肥尾守宮比起豹紋守宮需要更溫暖潮濕的環境。

繁殖的溫度，不要讓溫度降到20°C以下。

你可以選用提供熱源的方式有白熾燈（22 公分的反射面加上家用或爬蟲燈泡）、箱底加熱系統（加熱片或是可調溫的爬蟲加熱墊）、或是紅外光加熱燈（沒有可見光只有熱源），此種夜行性守宮不需要全光譜燈泡（UVA ／ UVB）。

如果選擇白熾燈泡或紅外光燈泡，務必確保固定座夠穩固不會隨便傾倒，因為這很容易釀成火災，先從低瓦數燈泡開始使用，例如 25w 家用燈泡，並依照自己的需求安裝，如果選用箱底加溫系統，可調溫式的較佳。

將你的加溫設備設置在一邊，如此一來可以創造一個溫度梯度，讓守宮可以自行選擇適合的溫度；這對於守宮的新陳代謝很重要。設置一個定時器讓加溫燈在清晨時開啟並在黃昏時關閉，在守宮住進新家之前，先測量一天內不同時間的溫度，可以用水銀溫度計或是有探針的電子溫度計獲得精準的數據，確保最高和最低溫設置正確。

底材

肥尾守宮的底材有數種選項可以參考，許多成功的繁殖者會選用報紙、廚房紙巾、鈣沙、玩具沙、寵物墊（可在寵物店取得）或是樹皮屑混合泥炭苔，作者曾用 2.5 至 5 公分的泥炭苔鋪在中等大小的樹皮屑上面，成功地飼養肥尾守宮。中等大小的樹皮屑比起守宮的嘴巴

禁止混養

把不同種類的守宮養在一起通常不是個好點子，除非有人證明可以這麼做。許多飼主不智地將非常具有領域性的肥尾守宮，和同樣有領域性的豹紋守宮養在一起，筆者不建議這麼做，因為他們居住的環境不太一樣，肥尾守宮偏好比較溫暖和潮濕的環境，同時這兩種守宮，尤其是肥尾守宮，受到壓力時不會有外在的徵兆，容易在飼主注意到之前就死亡。

大得多，飼主必須要謹慎觀察任何有可能被守宮吃進的底材（守宮停止進食、排泄物有沙子等），回到前述，泥炭苔和樹皮屑的組合能夠提供肥尾守宮喜歡的溼度，在人工環境下也能過得舒服。

傢俱配置

一旦決定好底材，緊接著下一步就是傢俱的設置。在籠舍內提供至少兩個躲藏處，一個在冷區一個在熱區，如果同時有多隻守宮，確保房間足夠容納他們全部，三隻以上的守宮對應三個或以上的躲藏處會比較妥當，躲藏處應該要能完全遮蔽守宮的身體，且至少要有一個潮濕的躲藏處，鋪有含水的底材例如泥炭苔或蛭石，讓守宮進去裡面休息、蛻皮，還有繁殖時在裡面產卵。

躲藏處可以拿塑膠盒作為材料，大約 10 公分高且直徑至少 13 公分的塑膠盒，頂部不透光為佳，愈多守宮盒子就必須愈大，接著挖出大小足夠讓守宮進出的洞，放入大約 5 公分潮濕的底材，每二至三天檢查一次確保濕度足夠，當發現排泄物時更換底材。

為了多點變化，你可以放入一些樹枝，甚至可以利用家用品例如紙捲筒作為躲藏處，許多既美觀又堅固，而且容易清洗的傢俱都可以在寵物店找到，另外，你也可以加入漂流木或其他穩固的物體讓守宮攀爬。

植物也可以用在守宮籠舍裡，不論是假的（不會死！）或是活的多肉植物像是蘆薈都很實用，避免使用葉形植物因為守宮會想要嘗嘗看，可能會引起不明的併發症。

餵食

當籠舍都設置完畢，守宮也住進去了，就可以開始餵食，首先，在籠舍內

有福同享

肥尾守宮常常會共享躲藏處，與其他數隻守宮一起擠在同個躲藏屋裡面，常常守宮飼主拿起躲藏處就會看到好幾隻守宮擠成一坨。

放置食物盆和水盆，盆子必須要夠低讓守宮能輕易從裡面取得食物，也要夠高讓食物，例如麵包蟲，不會輕易逃脫。如果你養的是雌性守宮，設置一個獨立的鈣粉碟子，她會

雖然肥尾守宮是地棲性動物，如果給他們樹枝或石頭，偶爾能看到他們攀爬上去。

自己取用她需要的營養，來保持骨骼強壯以及產生健康的卵，同樣的，在寵物店也能找到專門的陶瓷碟子，確保碟子保持乾淨沒有排泄物。

餵食肥尾守宮與餵食豹紋守宮是一樣的，最好是能提供成體守宮多樣化的食物，主食可以選用蟋蟀，大小大約是守宮頭部的百分之九十、麵包蟲和麥皮蟲。至少在餵食前的二十四小時把食物先用飼料或新鮮蔬菜餵飽，守宮要吃的食物必須先沾上含有 D3 的維他命，你可以使用高的塑膠杯餵蟋蟀：丟進杯子裡搖一搖讓蟲體沾上鈣粉，就可以餵給守宮了。其他種類的食物像是麵包蟲可以直接在食物盆裡灑上鈣粉。

偶爾可以給你的守宮吃些蠟蟲（*Galleria mellonella*）和乳鼠（不是所有守宮都能接受），蠟蟲含有大量脂肪成分，而且嗜口性佳，因此只能當作點心。

夏天較熱的月份，成體守宮每週可以進食三到四次；他們會吃掉十至十二隻蟋蟀或麵包蟲，或是五至八隻麥皮蟲，到了冬天，大約每週進食一次。針對每隻個體調整菜單和份量很重要，理想狀況下，在餵食之後的一小時不應該有食物剩下，多餘的食物應該要移除掉，昆蟲在守宮籠舍裡面找不到食物時，就可能會去騷擾守宮，量多的話甚至會以守宮為食。

澆濕籠舍的角落也應該要包含在例行餵食裡，對於維持肥尾守宮生

蠟蟲

由於蠟蟲富含大量脂肪，因此不適合作為守宮的主食，但很適合餵食給過輕的守宮幫助他們增加體重。

存需要的溼度相當重要。

人工繁殖

肥尾守宮的繁殖難度比豹紋守宮來得高一點，一般來說，繁殖豹紋守宮的條件和技術都可以適用在肥尾守宮。

與豹紋守宮一樣，重量比年齡更適合做為判斷是否準備好生育的依據，肥尾守宮大約在體重達到 35 至 40 公克就可以進行繁殖，繁殖季從春天開始一直持續到早秋，這段期間內他們想吃多少就給多少食物，能保持生理上繁殖的壓力。繁殖者必須確認繁殖群體裡的每隻守宮都有維持體重，如果沒有，先把體重降低的個體獨立出來，重新養肥才能回到繁殖群，如果全部的守宮體重都減輕了，那很可能是壓力反應，不論是健康問題（體內寄生蟲）、飼養過度密集或是發生支配行為（守宮們不一定總是相親相愛）。

雄性可以與雌性同住（一對一、一對二、甚至一對五都行得通），或是他們也可以平時獨居，繁殖季時與雌性共處一到兩天，持續數次（de Vosjoli et al., 2004）。

白化肥尾守宮正在蛭石上產卵，蛭石同時也能作為孵蛋用的底材。

產卵

大約在交配後三十天，就會產下兩顆白色、圓滑、橢圓形的卵。通常雌性守宮生下的第一窩蛋會是未受精卵，這種

情形在守宮很普遍。雌性守宮每年可能產下二至七窩的蛋（de Vosjoli et al., 2004），雖然不是每次都一樣，但他們通常會產卵在潮濕的躲藏箱裡面，飼主必須留意卵是否變乾脫水，如果沒有埋在潮濕底材的話會發生得很快。

雄性肥尾守宮比雌性體型較大且壯碩。

孵蛋

在孵蛋箱鋪上至少兩吋的潮濕底材，將蛋埋入底材中，頂部露出大約四分之一，你可以選用市售的透明塑膠孵蛋箱，尺寸 17.2×6.2 公分，1.4 公升容量，還有現成的通風孔，這種大小的容器可以裝入六顆肥尾守宮蛋。底材方面，可以使用蛭石（蛭石與水重量 1:1）、珍珠石（2:1）和泥炭苔（慢慢加水達到要求的溼度）。

肥尾守宮蛋孵化需要的相對濕度為 70 至 80%，溼度計可以幫助飼主準確維持適當的濕度，最好是一開始先把蛋都沾溼避免過度乾燥（開始往內凹陷）；如果蛋暴露在過多水氣下，會開始變紅，然後發霉死亡。

TSD

非洲肥尾守宮與豹紋守宮一樣都是由溫度決定性別（TSD），值得一提的是，這兩個物種都是第二型 TSD，意思是孵化期有兩個關鍵溫度決定性別：大約 32°C 是高關鍵溫度，可以產生較高比例的雌性，30.5°C 是低關鍵溫度，低於此溫度雌性比例又會提高（Viet et al., 1994)，介於兩者之間的溫度會產生出雄性較多。

布瑞格等人（2000）發現在控制條件的環境下，肥尾守宮偏好在

溫度 32.4°C 的巢裡下蛋，在此溫度下，會產生雄性與雌性 1:1 的後代，在同一個研究中也發現，豹紋守宮偏好在較低溫的 28.7°C 產卵，讓後代偏向雌性為多數。

繁殖新手最好是用較低或中等的溫度進行孵蛋，如果使用高溫孵蛋會較難掌控，而且一旦環境變化，高溫孵蛋受到的影響會比較大。

對於肥尾守宮來說，溫度範圍最低是 28°C，迪·沃斯朱里（2004）建議較保守的作法是 29.4°C，在此溫度下，會產生較多雌性，因此我們知道就算大家都知道溫度決定性別，但並不是永遠可靠，仍然偶爾會產生「錯誤」的性別！

幼體

肥尾守宮的幼體在較高的孵蛋溫度下，只需要三十九又半天就會破殼而出，如果是孵蛋溫度較低，則最晚要七十二又半天才會孵化（de Vosjoli et al., 2004）。剛孵化時他們通常不太餓，還需要一天左右的時間消化從蛋裡留下來的養分，通常在排出綠色糞便（正常現象）之後，守宮寶寶就會開始肚子餓了。

照顧守宮寶寶與成體沒有什麼差別，只是所有東西都小了點（籠舍、食物等），而且吃得更頻繁。將守宮寶寶安置在適當大小的籠舍，大約 5 至 10 加侖（20 至 38 公升）或是塑膠鞋盒（就像成體使用的），守宮寶寶可以單獨過生

肥尾守宮寶寶比豹紋守宮小一些，圖中分別是原色和白化幼體。

活，或是混養也行，有些飼主會採用小群體飼養，確保群體裡面的體型都差不多，如果有某隻特別大，就要立刻將他分開獨立飼養。

為了方便，底材可以用報紙或廚房紙巾，也可以將紙捲筒切半當作躲藏處，這時不要設置潮濕的底

另類孵蛋法

新手繁殖者可以考慮不使用專用孵蛋箱，只要簡單地把孵蛋容器與成體在適當溫度下放在一起，蛋通常可以在這樣的情況成功孵化。

材，因為守宮寶寶很好奇，可能會去吃掉底材，相反的，應該要每天澆濕籠舍角落，或是提供一個小水盆。餵食肥尾守宮寶寶與豹紋守宮一樣，給他們兩週大的蟋蟀或是小麵包蟲作為開始，每天餵食，不要有任何昆蟲遺留在籠舍裡，他們可能會去騷擾或攻擊小守宮。

健康照顧

肥尾守宮需要的醫療照護基本上與豹紋守宮一樣（參見豹紋守宮健康照護章節）。進口的動物通常都帶有鞭毛原生動物（de Vosjoli et al., 2004），如果你決定要購買進口的物種，那麼不可避免需要經過一段時間的馴化和隔離檢疫，同時如果有任何生病的症狀，或是計畫將他引入原本的守宮群體，也要考慮給獸醫做糞便分析。將籠舍設計成易於清潔的樣式可以減少殘留的糞便，方便控管寄生蟲和細菌。

肥尾守宮的繁殖選育尚在起步階段，最普遍的品系是白化。

第七章

帶紋守宮

帶紋守宮（帶紋守宮屬，*Coleonyx*）是一種在新世界發現的有眼瞼守宮，他們在小尺度下有許多方面都與豹紋守宮相近。大多數帶紋守宮加上尾巴的總長只有 4 至 5 吋長（10 至 12.8 公分），由於體型較小，因此他們比起豹紋守宮較為脆弱，此種守宮非常容易斷尾，因此不太適合像豹紋守宮一樣上手把玩。與豹紋守宮相同，帶紋守宮擁有可動的眼瞼，而且腳上沒有皮瓣，當他們感到不舒服時，像是在野外被捕捉或是被粗魯的玩弄時，會發出刺耳的尖叫，不過通常他們很能夠適應人工飼養。

自然史

美國物種

在美國發現的帶紋守宮大部分屬於沙漠物種，西部帶紋守宮（*C. variegatus*）分布在南加州到下加州的末端，往東至內華達州南部、亞利桑那州、猶他州、新墨西哥州，往南到墨西哥錫那羅亞州（Stebbins, 2003），此物種最高海拔分布可達 1524 公尺。德州帶紋守宮（*C. brevis*）可以在新墨西哥州、德州西部、墨西哥北部看到（Stebbins, 2003)，他們生活在多岩石的區域，包括沙漠和森林地。赤足帶紋守宮（*C. switaki*）可以在南加州和下加州發現，常出沒在低平的地區上至乾旱的礫石山丘，本物種在加州和墨西哥都受到保護，需有證明文件才可以飼養。網斑帶紋守宮（*C. reticulatus*）是屬於新世界擬蜥中體型較大的物種，可達 6.75

赤足帶紋守宮（下）和網斑帶紋守宮（上），被法律保護禁止寵物交易。

吋（17.1 公分），此種守宮不同於德州帶紋守宮和西部帶紋守宮的地方，在於他的背部表面遍布疣鱗，背部的花紋是網狀的，因而得名，在德州的大彎國家公園到墨西哥北部可以找到他們（Conant and Collins, 1998），網斑帶紋守宮在德州和墨西哥都受到保護，若要收集需要有科學採集證明。

大部分在美國的物種屬於夜行性動物，北美的守宮，除了赤足帶紋守宮和網斑帶紋守宮，其餘的物種在春天和夏天都很常見。在春夏時，常常可以在夜晚路邊觀察到帶紋守宮，在適宜的條件下，可以在日落到晚上十一點這段短短的時間內，找到十五隻以上的守宮，他們常常被發現在馬路上取暖，但是很不幸的這樣的行為讓他們很容易被輾過，甚至到了冬天，如果仔細檢查石堆還是可以找得到他們。

西部帶紋守宮在野外是個掠食者，以蜘蛛、避日蛛、蚱蜢、甲蟲、白蟻、昆蟲幼蟲、馬陸、蜈蚣和等足目為食（Stebbins, 2003）。德州帶紋守宮曾在德州桑德森附近一次夏天晚上的登山活動中，被觀察到以蛾類為食，蛾類被我們用來尋找守宮的頭燈所吸引，在最近收集到的一隻德州帶紋守宮的糞便中也含有甲蟲殘骸。帶紋守宮通常會一邊前後搖

守宮獵人須知

如果你想要去野外尋找這些守宮，
務必要確認各州對於搜尋採集這類動物的規範。
在加州需有釣魚證才能合法採集這些動物；在亞利桑那和德州則需要狩獵證，在某些州例如猶他州，西部帶紋守宮的亞種是受保護物種，未經許可則禁止採集。如果你在尋找石頭底下的守宮，記得要把石頭回歸原位，讓這塊石頭之後還能繼續被其他動物使用，曾有五月中旬亞利桑那北部的同一顆石頭下，發現一對西部帶紋守宮的紀錄，這種守宮會躲在薄石頭下，獲取陽光提供的熱能，同時也可以讓自己不被看見。

德州帶紋守宮的分布地從德州西南部到新墨西哥和墨西哥。

動尾巴一邊靠近獵物，再向獵物猛撲過去，就像隻貓一樣！

中美洲物種

　　帶紋守宮也可以在熱帶中美洲見到，優雅帶紋守宮（C. elegans）生活在墨西哥南部、瓜地馬拉北部以及貝里斯（Barlett, 1996）。分布最南端的中美洲帶紋守宮（C.mitratus），分布範圍從瓜地馬拉到哥斯大黎加（Hiduke and Gaines, 1997）。這兩個物種都生活在熱帶雨林而且在當地數量豐富（Kruse, 私人通訊）。

　　有些時候，優雅帶紋守宮和中美洲帶紋守宮可以合法進口在美國販賣，在美國也有許多玩家有接觸這兩個物種。務必購買合法的動物，避免遇到法律上的困難，如果你在爬蟲展購買明顯就是從野外採集的動物，就得非常謹慎小心地離開。人工繁殖的帶紋守宮擁有完整的尾巴，而且比起野外採集個體身上也不會有疤痕。

飼養照顧

居住

一般來說一個 5 至 10 加侖（18.9 至 37.9 公升）的籠舍加上沙子作為底材，對帶紋守宮來說就足夠了，一個 10 加侖的籠舍，可以安全地容納至多四隻守宮（一隻雄性，三隻雌性），加上紗網蓋在頂上，來防止家裡的貓狗把你的寵物當點心。

帶紋守宮喜歡狹小的躲藏空間，讓他們可以躲避人類的視線，由於他們是夜行性動物，躲藏處也有益於他們的睡眠循環。與豹紋守宮相同，籠舍內的傢俱像是石頭或樹枝，可以讓整體看起來更美觀，但對於帶紋守宮的居住品質並沒有實質的幫助。

晚上使用紅色燈讓你可以觀察帶紋守宮夜間的獵食行為，將燈光接上自動定時器，在晚上熄滅燈光好讓籠舍降溫，才不會造成守宮的壓力，除非你有種植植物在籠舍內，否則並不需要白天的照明。

帶紋守宮雖然身為沙漠物種，但是他們在飼養環境下並不需要太高的溫度就能過生活，事實上，大部分帶紋守宮在 25°C 至 28.3°C 就能過得很好。保持籠舍內某個角落濕潤讓守宮可以適當地滋潤皮膚，每週數次澆濕籠舍的一角即可。

如果你要在籠舍內栽培植物，就會需要全光譜

> ## 仿自然型籠舍
>
> 帶紋守宮的嬌小身型讓他非常適合用仿自然方式飼養，第二章有設置豹紋守宮仿自然籠舍相關的資訊，同樣的方法也適用於帶紋守宮。美國物種喜歡沙漠型的設置，中美洲物種則偏好較濕的環境。

> 使用沙子作為西部帶紋守宮和其他美國原生物種的底材，可以讓他們過得很舒適。

燈光讓植物正常生長，而且你會需要幫植物澆水，同時也可以維持帶紋守宮需要的濕度，就算他們原生於非常乾燥的環境，仍然需要一定程度的水分，這種守宮在野外會花上一大部分時間躲在濕度較高的洞穴和碎石下面。

底材每種帶紋守宮需要的底材不盡相同，生活在較乾旱環境的西部帶紋守宮和德州帶紋守宮適合用沙子當作底材，生活在靠近熱帶的中美洲帶紋守宮和優雅帶紋守宮就需要含水量多一點的底材，沙子混合椰纖土就是種完美的底材。椰纖土有多種不同商品名稱，將椰纖土跟沙子一比一混合，加入足夠的水形成團塊，接著放入籠舍中，混合物會從表層開始變乾，水分會持續從底部往上滲透，藉此維持籠舍內的濕度，每週數次用噴霧瓶噴溼籠舍的一邊，更保險一點的做法可以放入潮濕的水苔，對於熱帶帶紋守宮物種非常好用。

躲藏處守宮會利用躲藏處，有助於維持正常的進食行為，躲避處可以是

原生植物

當你為帶紋守宮設置一個仿自然棲地時，
可以考慮使用原生於北美和中美洲的植物來模擬自然的狀況，
許多植物都能適應這樣的環境，以下列出幾種生命力強的物種。

- 柯巴樹（*Bursera hindisiana* 或其他裂欖屬植物也行）
- 熔岩無花果（*Ficus petiolaris*）
- 馬尾棕梠（*Beaucarnea recurvata*）
- 岩無花果（*Ficus palmeri*）
- 小花龍舌蘭（*Agave parviflora*）
- 德州龍舌蘭（*Agave maculosa*）

一個簡單的塑膠盒子裝入一些潮濕底材，側面挖出一個守宮身體兩倍寬的洞，讓守宮能自由進出，記得檢查躲避處內的底材有沒有排泄物或是沒吃完的食物，如果你想要更自然感的設置，寵物店裡都能買到人造洞穴和空心樹皮。

一隻雌性中美洲帶紋守宮正從她的躲藏處中探出頭來。

餵食

帶紋守宮在人工環境下的食物非常多樣，把餵飽的蟋蟀當作主食同樣適用於這些守宮，筆者曾養過一隻成體德州帶紋守宮，八年來都是餵食適當大小的蟋蟀，這是所有守宮都會吃的，直到他死前的最後幾個月都沒有失去活力。所有食蟲動物都一樣，食物的好壞來自食物的食物，用多樣蔬菜水果，例如萵苣、柳橙、蒲公英、剝皮仙人掌，甚至是專用的蟋蟀飼料，填滿蟋蟀的肚子，最終可以將營養轉移給你的守宮。帶紋守宮也可以以其他適當大小的昆蟲為食。

每週三到四次餵食成體帶紋守宮，永遠記得要移除吃剩的食物，這代表要檢查籠舍內的各個角落，例如躲藏處下面，以確保所有沒吃完的食物都有移除乾淨，否則剩餘的蟋蟀可能會趁守宮睡覺的時候咬他一口，不用多久，你就能掌握你的守宮每次大概會吃多少蟋蟀。

由於帶紋守宮的體型較小，因此他們需要的食物也比豹紋守宮來得小，一週至兩週大的蟋蟀最適合拿來餵食帶紋守宮，守宮要吞下這種大

此處沒有 TSD

與親戚們豹紋守宮和肥尾守宮不同，帶紋守宮不具有 TSD，也就是說溫度不會影響守宮寶寶的性別，帶紋守宮的性別是由基因決定。

小的食物應該毫無困難，食物的大小不應該超過守宮頭的寬度。

人工繁殖

人工繁殖帶紋守宮頗為容易，問題在於如何對付小不拉機的新生兒。雄性帶紋守宮的泄殖腔旁邊有兩根刺，雌性則無，雄性擁有較大且明顯的股孔也是辨認性別的指標，在將兩隻守宮放在一起之前，務必確保他們真的是一對，如果將兩隻雄性放在一起，他們很可能會開始打架，造成尾巴斷裂和其他開放性傷口。

寒化

就像其他外溫動物一樣，要繁殖就必須先經歷一段冬天的寒化，或稱作類冬眠（brumation），尤其是美國的帶紋守宮。秋天時，逐步調整加溫設備降低籠舍內的溫度，此時不要餵食守宮，這是為了在冬天到來前讓腸胃裡的食物完全消化，如果沒有這麼做很可能會危害到守宮，停留在腸胃裡的食物在冬天時無法被消化，最後腐敗，守宮很可能因此死亡，提供你的守宮一個溫暖的環境持續兩週，期間不再餵食，可以避免這個問題。

人工繁殖的優雅帶紋守宮數量稀少，在守宮圈中仍然不常見。

實際的寒化時間可能從一個月到數個月之久，在這段期間內要監控守宮以確保他不會過度乾燥，旁邊一定要放置水盆，守宮會在籠舍內四處移動，雖然極度緩慢，但沒有必要擔心，大多數時間他都會躲在躲藏處裡。

隨著春天到來，打開加溫器，守宮應該會在幾天內開始主動進食，提供雌性守宮大量食物讓她可以儲存足夠的能量為產卵做準備，大部分的帶紋守宮會在五到九月的繁殖季期間產下數窩卵，每窩兩顆蛋。我們的德州帶紋守宮持續地在晚春到早夏期間產下兩窩蛋。

注意到這隻西部帶紋守宮泄殖孔兩旁的小刺，代表這隻個體是雄性。

懷孕與孵蛋

檢查雌性守宮的腹部可以確定正處於哪個懷孕階段，懷孕守宮的下腹部兩側可以清楚見到發育中的卵，這時就可以提供巢箱給守宮了，一個現成的塑膠杯挖洞就可以當作巢箱使用，底材方面可以用濕潤的沙子、蛭石，或是沙子與蛭石一比一混合，如此一來可以讓守宮媽媽產下的蛋不會乾掉。

把卵從巢箱中拿出，放入孵蛋箱孵化，孵蛋箱內的底材應該使用蛭石與水依重量一比一混合的濕潤蛭石。孵化時間從四週

小心翼翼

拿取帶紋守宮的蛋時必須極度小心，因為他們既小又脆弱，用小湯匙或其他工具來移動會是比直接用手拿更好的選擇。

德州帶紋守宮和其他帶紋守宮的蛋可以比照豹紋守宮的孵化方式——溫暖、潮濕的環境和適當的底材。

至十一又半週（Bertoni, 1995），如果卵在較高溫度下孵化，所需時間就會縮短。我們曾經成功地用 28°C 孵化德州帶紋守宮和西部帶紋守宮，優雅帶紋守宮和中美洲帶紋守宮可以用 26.7°C 成功孵化。

幼體

帶紋守宮寶寶非常小而且很可愛！由於他們體型太小，因此非常脆弱，在抓取時要非常謹慎，進行籠舍清潔時可以考慮使用漁網來搬移守宮寶寶會比較方便，帶紋守宮寶寶容易乾掉，因此必須極其小心，可以在籠舍的一側放置濕潤的廚房紙巾來避免。

把守宮寶寶養大過程中的另一個麻煩，是要找到他們吃得進去的食物，新生兒沒有辦法嚥下常見的麵包蟲或大隻蟋蟀，最好的選擇有針頭蟋蟀、幼齡蠶寶寶、小白蟻或是迷你麵包蟲（*Tribolium confusum*），後者是扁擬穀盜的幼蟲，大小剛好適合帶紋守宮寶寶。

所有食物都應該先用綠色蔬菜、柳橙片、蟋蟀飼料餵飽，將食物昆蟲餵給守宮之前的二十四小時，先讓他們吃飽。餵食之前，先將蟲體沾上維他命和礦物質補充品，如同先前提過的，絕對不要留下任何沒吃完的食物昆蟲與守宮寶寶在一起，我們對此曾有非常慘痛的經驗，幾隻留下來的針頭蟋蟀開始以虛弱的守宮寶寶為食，守宮寶寶最終被救起來，但是為時已

晚，蟋蟀啃咬他的尾巴和腳趾，最後還是因為多處傷口而死亡。

第二或第三窩蛋不是不可能，前提是守宮媽媽有獲得足夠的食物補充生蛋流失的能量，餵食給雌性守宮裝滿營養的昆蟲加上足夠的營養品，可以快速補充能量。第二窩通常會在第一窩的四至六週之後，生完第二窩之後，持續提供營養的食物給守宮媽媽讓她的體重能回升。

健康照護

帶紋守宮的疾病與豹紋守宮很類似，線蟲已經在本書別處提過（Bertoni, 1995），每公斤對應 75 毫克芬苯達唑（fenbendazole）的用量，持續七天，或許是治療這種內寄生蟲最安全的方法。

幼體的食物

由於帶紋守宮幼體實在太小了，要找到適合的食物非常困難，如果你有意繁殖帶紋守宮，那最好在幼體孵化前先準備好小型昆蟲，以下是現成的可能食物清單，寵物店不一定會販賣這些昆蟲，但你應該可以在網路上找到賣家。

- 殘翅果蠅
- 步行蟲幼蟲
- 稚齡蠶寶寶
- 針頭蟋蟀
- 蟑螂若蟲
- 白蟻

其他問題一般來說都與錯誤的籠舍設計和疏於照顧有關，回顧有關籠舍設計的章節，可能就會找到解決方法。

就像其他擬蜥一樣，帶紋守宮寶寶的花紋會與成體有所不同，圖中是德州帶紋守宮的幼體。

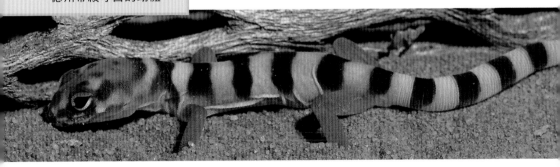

第八章

洞穴守宮

茉莉 · 柏格曼 撰

來自東方的擬蜥屬守宮，看到他會讓你聯想到許多形容詞：精緻、繽紛、優雅、炯炯有神、還有最重要的，超酷！確實，洞穴守宮（*Goniurosaurus*）身為人人追求的對象不是沒有原因，就連死忠的養蛇玩家，也想收藏洞穴守宮，筆者回想起 1990 年代飼養的幾種洞穴守宮，當時守宮迷對他們所知甚少，甚至用紫色和咖啡色 gonis 來稱呼兩個個別物種 *Goniurosaurus luii* 和 *Goniurosaurus araneus*。感謝擬蜥研究者和爬蟲學家組成國際研究團隊的努力，特別是 L. 李·葛里斯莫，我們對於這群迷人物種的知識，從 1990 年代到現在有了長足的進展。

多個名字

Goniurosaurus 裡的物種在守宮圈裡面有許多種稱呼，他們通常被稱作日本、中國、越南豹紋守宮，洞穴守宮或許是最普遍的名字，守宮迷給他們一個暱稱"gonis"，源於學名的縮寫。

不幸的是，隨著我們對於洞穴守宮的了解日增，導致他們在野外被過度採集進入寵物市場，葛里斯莫就曾警告，由於商業採集，讓 *G. luii* 從原生地完全滅絕，甚至在他發表文章描述此物種之前（Grismer et al., 1999）。過度採集已造成遠東地區數個族群毀滅，結果就是寵物市場的進口洞穴守宮大幅減少，許多政府現在明智地保護此物種，也因為如此，守宮迷們也找出辦法人工繁殖洞穴守宮。

自然史

洞穴守宮有三個分支群被描述，分別是中國豹紋守宮（Luii）、中國洞穴守宮（Lichtenfelderi）和日本豹紋守宮（Kuroiwae）（Grismer et al., 1999）。這種體態修長的擬蜥擁有可動的眼瞼和細長有爪的腳趾，他們的爪子用來在熱帶森林裡攀爬岩石，白天躲在石縫中，晚上則是活動力最強的時候，尤其是下雨時，他們喜歡潮濕氣候。

G. araneus 在寵物市場上通常稱作「越南豹紋守宮」和「越南洞穴守宮」。

簡介

洞穴守宮的顏色和花紋，就如同他們的棲息環境一樣具有異國情調，從亮粉紅色到亮黃色的交錯斑紋，有時出現藍色直線，配上高反差的巧克力棕作為底色，他們的尾巴會再生，雖然不

像原本的同心環紋，但是會出現有趣的不規則圖案，更令人嘆為觀止的是，不同種的眼睛閃耀著不同顏色，從血紅色到金色虹膜都有。

中國豹紋守宮系群（Luii）

中國豹紋守宮系群是此種守宮最古老的型態，由三個物種組成：南中國的 *G. luii*、北越南的 *G. araneus*、還有近期被描述中國海南島上的 *G. bawanglingensis*（Grismer et al., 2002）。此系群的物種是洞穴守宮屬裡面體型最大的，*G. luii* 總長可達 9 吋（23 公分）（Henkel and Schmidt, 2004），*G. araneus* 以 7.5 吋（19 公分；EMBL 資料庫）次之，*G. bawanglingensis* 則小於 4.2 吋（10.7 公分），以上測量長度為吻肛長（吻部到泄殖腔的長度）。葛里斯莫紀錄 *G. bawanglingensis* 是種被有限的自然保留區保護的守宮，擁有比其他兩種守宮強壯的身體。*G. luii* 也存在海南島；然而葛里斯莫認為海南島上的 *G. luii* 在許多特徵上不同於中國南方的原生種，應為另一物種。

中國豹紋守宮系群裡也有守宮玩家們熟知的物種，「中國豹紋守宮」就是 *G. luii*，「越南豹紋守宮」是 *G. araneus*，葛里斯莫（2002）建議可以用「霸王嶺豹紋守宮」來稱呼 *G. bawanglingensis*，由這種守宮居住的自然保護區命名。這些俗名常常讓人誤會，其實他們和豹紋守宮的居住環境天差地遠，豹紋守宮棲息在半乾旱的中東地區，而洞穴守宮棲息在亞洲地區潮濕的森林裡，不要搞混這兩種型態的守宮，因為他們的照護方式截然不同。*G. luii* 的命名是為了紀念劉威（音譯），他花了六年時間在中國大陸和海南島追蹤研究此種守宮（Grismer et al., 2002），*G. araneus* 在拉丁文的意思是「蜘蛛」，本種與蜘蛛有許多相似的特徵。

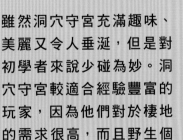

不適合初學者

雖然洞穴守宮充滿趣味、美麗又令人垂涎，但是對初學者來說少碰為妙。洞穴守宮較適合經驗豐富的玩家，因為他們對於棲地的需求很高，而且野生個體難以馴服。

中國洞穴守宮系群（Lichtenfelderi）

中國洞穴守宮系群裡有兩個物種，*G. lichtenfelderi* 和 *G. hainanensis*，*G. lichtenfelderi* 生活在越南龍州島（Norway island）沿岸，曾經有過在越南東北部發現族群的紀錄，被認為是學名 *G. murphyi* 的新種（Orlov and Darevsky, 1999）；然而葛里斯莫（2000）證實此族群屬於 *G. lichtenfelderi* 的獨立族群。本種擁有亮黃色細橫紋，與其深色底色呈現明顯對比，總長大約 6.5 吋（16.5 公分）（Henkel and Schmidt, 2004），*G. lichtenfelderi* 棲息在低地森林，原生地數量豐富，其出現地點與石灰岩有關（Grismer, 2002）。

G. hainanensis 在海南島東南的山中被發現，高地型態有亮黃色橫紋，低地型態橫紋較暗沉。這種害羞的擬蜥物種主要出現在雲霧林的較低處，通常會在有花崗岩的地區找到他們（Grismer, 2002），體型比 *G. lichtenfelderi* 稍微小一點，總長大約 6.3 吋（16 公分）（Henkel and Schmidt, 2004）。

日本豹紋守宮系群（Kuroiwae）

很難區分日本豹紋守宮系群的個別物種，某些物種曾經被認為是G. kuroiwae的亞種。

Kuroiwae 系群的集合被稱作「日本豹紋守宮」，棲息在日本琉球群島北部，日本人稱呼這種守宮為" tokage modoki"，大致的意思是「假蜥蜴」或「不是蜥蜴的蜥蜴」，此系群中的物種都被列為國家

財產，其所在地的政府也立法保護；G. yamashinae、G. orientalis、G. kuroiwae、G. toyamai 屬於沖繩縣政府，G. splendens 屬於鹿兒島縣政府（Hidetoshi Ota, 私人通訊），由於這種守宮實在太美麗又迷人了，因此每當出現有關他們原生環境的文章，或是實地照

G. splendens原生地在琉球群島最北端德之島的山區。

片，往往造成當地族群被非法採集破壞（Grismer, 2002）。

日本豹紋守宮系群裡的物種與其他洞穴守宮的親緣關係較遠；他們的總長平均 5.5 至 6.7 吋（14 至 17 公分；Kaverkin, 1999），被發現時常常鄰近石灰岩（Grismer, 2002），雖然是地棲型，但是能夠爬樹。除了 G. yamashinae 是金色虹膜，其餘物種都是血紅色虹膜，他們的底色大多是深巧克力色，配上多樣顏色的直線、斑點、條紋、環紋、斑塊點綴，背上的花紋種類千變萬化，每個物種都各有屬於自己特殊顏色的斑點、環紋和斑塊。

G. yamashinae 是日本豹紋守宮系群內最古老的物種（Grismer, 2002），原生於久米島，本種守宮在日本的俗名是"kume tokage modoki"，由久米島命名（Kaverkin, 1999）。特殊色是粉紅色。

G. orientalis 棲息在沖繩西邊的阿嘉島、伊江島、渡嘉敷島、渡名喜島 (Kaverkin, 1999)，本種守宮在日本的俗名是"madara tokage modoki"，意思是「有斑塊的假蜥蜴」，不同族群間有足夠的變異，讓葛里斯莫（2002）認為可能不只有一個物種。特殊色是橘色。

G. kuroiwae 棲息在沖繩本島以及另外兩座離岸島嶼（Grismer, 2000），由於地理分布相當廣，因此個體間的變異很大，本種守宮在日本的俗名是"Kuroiwae tokage modoki"，意思是「黑岩假蜥蜴」（Goris and

可遠觀不可藝玩

洞穴守宮在人工飼養環境下是種脆弱的守宮，容易受到壓力，因此任何觸摸行為必須維持在最小限度，只有清潔籠舍和健康檢查時才應該觸碰他們。

Maeda, 2004）。特殊色是多種粉紅色。

G. toyamai 棲息在伊平屋村北部的島嶼（Grismer, 200d），此種洞穴守宮有個獨有的特徵：結實的身體加上寬大的背部反轉條紋。在日本的俗名是"Iheya tokage modoki"，意思是「伊平屋的假蜥蝪」（Goris and Maeda, 2004）。特殊色是橘色，本種守宮在日本屬於受威脅爬蟲類紅皮書中的「極度瀕危」物種（網路資料, 2005）。

G. splendens 棲息在琉球群島北端的最深處，德之島（Grismer, 2002），本種守宮在日本的俗名是"obi tokage modoki"，意思是「有條紋的假蜥蝪」（Goris and Maeda, 2004），特殊色是亮粉紅色。此種守宮在原生地遭到大量走私盜採。

飼養照顧

洞穴守宮的魅力無限，讓全世界的守宮愛好者趨之若鶩。如同其他稀有的異國守宮一樣，例如貓守宮、溪谷守宮（白眉守宮）、猶加敦帶紋守宮，洞穴守宮不常有人工繁殖個體，而野外個體通常帶有大量寄生蟲。洞穴守宮比較適合高階的守宮玩家，因為他們飼養難度高，而且野外個體難以馴化。

洞穴守宮生性害羞，在野外他們見到人就跑，被抓到時會發出典型擬蜥的尖叫聲（Kaverkin, 1999），因此應該盡量避免非必要的碰觸，喜歡把動物放在手上把玩的人，應該要把目標轉向容忍度較高的豹紋守宮（*E. macularius*），另外提醒，害羞的守宮在飼養時應該避免跟其他不同種的守宮或是其他活的生物同住。

居住

洞穴守宮的飼養照顧方面與貓守宮相似，他們都生存在富含水氣的環境，因此在設置籠舍時不可忽略重要的濕度因子。玻璃和塑膠籠舍，

例如與飼養豹紋守宮相同大小的整理箱（參見第二章），飼養洞穴守宮都能獲得很好的效果。如果對美觀比較要求的話，可以選擇 10 至 15 加侖（37.9 至 56.8 公升）或是更大的「長形」籠舍，容納一對守宮就很夠用了。最好是在頂部加個蓋子，不要完全打開，盡可能留住水氣。

飼養洞穴守宮時，只能讓一對或是相近體型的兩隻雌性住在一起，因為我們還不清楚這個物種的群體生活是如何運作的，以其他擬蜥種類來說，雄性會互相爭鬥，因此最好在飼養時將雄性分開，雌性通常會比雄性稍大一點，所以公母配對有些微的體型差異是可以接受的。

濕度 保濕的底材和活的熱帶植物有助於營造飼養洞穴守宮所需的潮濕環境，泥炭苔與其他底材組合，是洞穴守宮飼主最常使用的保濕素材，舉例來說，加州柏克萊的東海灣爬蟲館，安柏頓和他的同事 (私人通訊) 使用泥炭苔混合三分之一至三分之二的沙子，上層再鋪上泥炭苔。莫斯科動物園的卡維金（1999）則是使用泥炭苔混合樹皮屑，作為 *G. splendens* 繁殖計畫使用的底材，中等大小的樹皮屑可以防止洞穴守宮在撲向獵物時，一併把底材吃下肚。

所有洞穴守宮物種都需要潮濕環境，圖中是 *G. luii*。

在籠舍內擺放溼度計可以測量相對濕度，對於洞穴守宮來說，相對溼度應該保持在 70 至 80%，每日必須一到兩次加濕環境維持濕度，守宮活躍的夜晚時段至少要有一次。安裝噴霧系統可以自動化整個程序。

傢俱 一旦底材設置完畢後，就可以開始挑選傢

俱，筆者和卡維金（1999）都曾使用軟木樹皮洞穴，樹皮提供守宮一個安穩躲藏的地方，如果傾斜放置也可以讓守宮攀爬，雖然洞穴守宮屬於地棲型，但也有發現某些種類例如 *G. orientalis*，有爬樹行為（Werner et al., 2002），所以不管他們最後會不會去爬樹，先提供他們選擇也是不錯的。卡維金在暖區和冷區都有放置樹皮洞，身為飼主，應該要提供守宮各種類型的躲藏環境，讓守宮能自由調節溫度。

至少要有一個潮濕的躲藏箱（參見第三章如何製作保濕的躲藏箱）讓守宮有個潮濕舒適的地方可以休息，同時也提供蛻皮和產卵的地方。花崗岩和石灰岩可以模擬洞穴守宮的原生自然環境，務必把多塊石頭黏在一起避免移動或砸傷守宮。食物盆和水盆也都是必需品，水盆至少要有 3 吋（7.6 公分）寬，而且應該要隨時裝滿乾淨的水。

溫度洞穴守宮喜好偏低的溫度，如同他們野外的棲地一樣，當然不同

噴霧系統和加濕器

洞穴守宮的籠舍需要維持高濕度，因此有些飼主選擇安裝噴霧系統和／或超音波加濕器連結定時器，每天固定噴灑數次來維持適當的相對濕度，在享受方便性的同時，也要小心使用。噴霧系統和加濕器噴灑的水量可能在籠舍內累積，達到會讓守宮溺水的高度，使用這種設備時，請一天內檢查水氣狀況數次，在多次錯誤和嘗試後，你應該可以找到適當的噴灑頻率。在底材下方用小卵石設置含水層也有幫助，含水層大約 2 至 3 吋（5.1 至 7.6 公分）深，最後，你可以選擇使用讓水能排出的網箱，當然也要有東西能接住水，否則將會流得到處都是，在網箱裡維持高濕度很有挑戰性，但不是不可能。另一個使用加濕器要注意的事情是，請選擇超音波加濕器，而非冷熱型加濕器，冷熱型加濕器會造成籠舍內溫度急遽變化，可能會傷害守宮。

提供樹枝給你的洞穴守宮是個好點子，他們在野外有爬樹行為。圖中是 *G. araneus*。

自然環境的溫度也有差異，因此研究每個物種原棲地的溫度資料，對於人工飼養環境調整出最適合守宮的溫度會很有幫助。

仍然有普遍適用的溫度可以參考；*G. luii* 和 *G. araneus*，筆者採用溫暖月份（五月至八月）最高溫 27.7°C，入夜後下降大約 5.5°C。安柏頓紀錄越南豹紋守宮（*G. lichtenfelderi*）較能忍受高溫（私人通訊）。日本豹紋守宮由於原生地普遍較寒冷，因此無法忍受 26.7°C 以上的溫度。

到了冬季時，溫度就必須要調降一段時間，藉此模擬洞穴守宮在野外會經歷的季節變換，卡維金（1999）讓他的 *G. orientalis* 繁殖組溫度在夜晚時低達 12°C 至 13°C，筆者讓 *G. araneus* 和 *G. luii* 在入夜後降溫至 12.8°C 至 15.6°C。大部分的守宮飼主其實不需要花太多心思去設定溫度，因為一般家裡大概就是這樣的溫度了，如果有加熱的需要，避免使用光線直射，因為洞穴守宮是純夜行性動物，他不會喜歡有光線照到眼睛，箱底加溫系統是最方便的選擇，不過要先確定你的加溫墊附有調溫功能。

餵食

洞穴守宮在野外以蝗蟲、甲蟲幼蟲、毛毛蟲和蝴蝶為食（Kaverkin, 1999），如果你想餵你自己蒐集的昆蟲給守宮，要確保他們未曾暴露

防禦姿態的 *G. luii*，尾巴翹起並且前後擺動。

在殺蟲劑中。一般來說洞穴守宮的食物菜單與豹紋守宮相差無幾（參見第三章），盡量在夜晚洞穴守宮活動力最好的時段進行餵食，另外要注意的是這種嬌貴的守宮有沒有被殘留下來的食物騷擾。

人工繁殖

洞穴守宮在健康以及性成熟的情況下，相當容易人工繁殖。交配之後的三十天後，每天檢查籠舍內有沒有新生的卵，筆者和安柏頓（私人通訊）觀察到他們的洞穴守宮每年可以產下兩至三窩蛋。卡維金

靈敏的鼻子

侯耶爾與史都華（2000）觀察到 *G. luii* 利用氣味識別食物（塗抹蟋蟀化學物質），另有針對其他擬蜥（豹紋守宮和帶紋守宮）的食物氣味相關實驗，發現豹紋守宮和帶紋守宮都對包裹維他命粉的食物有更強烈的反應，比起沒有包裹維他命的對照組。如果要引入新的食物給守宮，在食物加入相似的補充品會讓他們更容易接受。這項知識非常實用，尤其當守宮開始拒絕平常的食物，或許需要對食物做些改變以重新刺激食慾。這種利用氣味識別食物的行為或許與擬蜥守宮典型的獵食行為有關。

（1999）發現 *G. orientalis* 會在籠舍內最溫暖、最潮濕的角落下蛋，如果你的守宮沒有在躲藏箱裡面下蛋，那可能要檢查躲藏箱是否足夠溫暖和潮濕，人工繁殖的過程會經歷許多挫折和失敗！

洞穴守宮的卵是典型的擬蜥卵，橢圓形革質的蛋，孵化的設置與豹紋守宮一模一樣，孵蛋箱加上潮濕底材（參見第四章）。筆者發現對於 *G. araneus* 和 *G. luii* 來說，25.6°C 最適合當作常溫溫度。卡維金對待生活在較冷區域的 *G. orientalis* 採用白天 24°C 至 26°C、夜晚 21°C 至 22°C 的設定。

一隻人工繁殖的 *G. luii* 亞成體。人工繁殖的洞穴守宮不像野外個體那麼普遍，但是相對較強壯健康。

大約經過七十五至八十五天，小寶寶就會破殼而出，幼體與成體的照顧方式相同，只是籠舍較小而已，塑膠鞋盒或是 5 加侖（18.9 公升）的箱子就足夠容納同一窩兄弟姊妹，前提是在這之中沒有體型特別大的個體，如果體型差異太明顯，就必須要將他們隔離。洞穴守宮寶寶與豹紋守宮寶寶吃一樣的東西，只是他們需要每天兩次加濕環境以維持生存所需的溼度。

健康照護

洞穴守宮的醫藥照護與豹紋守宮大同小異（參見第五章）。如果你決定購買進口個體，那麼一段時間的馴化和隔離檢疫就是必須的，同時也建議帶去給獸醫進行糞便分析，可以得知你的守宮是否有寄生蟲問題。設計籠舍時要注意清潔的方便性，盡量減少籠舍內的糞便量，較能夠有效控制寄生蟲和細菌問題。

第九章

貓守宮

茱莉 · 柏格曼 撰

貓守宮（*Aeluroscalabotes felinus*）是原生於東南亞的一種身形瘦長的半樹棲型守宮，他們是非常獨一無二的擬蜥守宮，與其他守宮家族的成員少有共同點。卡維金與歐洛夫（1998）提到大部分的擬蜥守宮住在乾旱的山區和平原地帶（*Eublepharis*、*Hemitheconyx*、*Holodactylus*、*Coleonyx*）或是亞洲的洞穴裡（*Goniurosaurus*），但 *A. felinus* 主要棲息在熱帶雨林裡。

老手限定

貓守宮在玩家之中非常稀少，而且沒有任何繁殖個體，野外個體難以馴化，常因為寄生蟲、壓力、或其他因素而死亡，基於以上因素，貓守宮非常不適合新手飼養。

貓守宮具備典型的擬蜥特徵，例如眼睛有眼瞼、細長不具吸附能力的腳趾、夜行性、以及有再生能力的尾巴，而他們的不同之處在善於抓握的尾巴和可收起的爪子，岡瑟（1864）曾描述這種特殊的腳爪巧妙地適應他們半樹棲的生活方式。許多飼主不會注意到他們可伸縮的腳爪，因為更引人注目的是他們像貓一般的行為：搖尾巴、移動方式還有身體的姿勢。

貓守宮是出了名的難養，由於大多數能取得的都是野外捕捉個體，因此只有非常經驗豐富的玩家才應該嘗試人工飼養。少數強者中的強者，例如強納森・安柏頓（加州柏克萊東海灣爬蟲館）、尤里・卡維金和尼可萊・歐洛夫（1998），他們成功在人工環境繁殖這種捉摸不定的守宮。人工繁殖的個體比野外捕捉個體更受歡迎，因為野外個體帶有大量寄生蟲，入手後還須經過一連串隔離檢疫和除蟲的程序（參見第一章）。

自然史

貓守宮來自東南亞地區：印尼（婆羅洲、蘇門答臘、薩納納島）、馬來西亞半島、霹靂州、雪蘭莪州、新加坡、蘇拉群島、泰國南部三府、砂拉越州（EBML 爬蟲資料庫，網路），他們棲息在原生和次生雨林且鄰近人類開發的耕地（Nunan, 1994），海拔範圍從 0 至 1000 公尺（ASEAN 生物多樣性資料庫，網路），本種守宮分為兩個亞種，*Aeluroscalabotes felinus felinus* 和 *Aeluroscalabotes felinus multituberculatus*。

有關貓守宮的自然史或任何飼養繁殖的文獻非常稀少，努南（1994）曾提及有個砂拉越州的長頸族婦女告訴他，如果他們的族人在去稻田耕作的路上遇到這種守宮，就必須放棄一天的工作並立刻折返回家，因為貓守宮被視為魔鬼的預兆。

簡介

貓守宮在體型上比家喻戶曉的豹紋守宮小一點，但實際上只有少量人工飼養的紀錄。卡維金與歐洛夫（1998）研究的三對守宮裡面，雄性總長 5.7 至 6.5 吋（14.5 至 16.5 公分），努南（1994）飼養的雄性個體則有 7.3 吋（18.5 公分），卡維金與歐洛夫的雌性長度範圍是 6.7 至 7 吋（17 至 18 公分），基於以上觀察，合理懷疑貓守宮的雌雄二型是雌性體型大於雄性體型。

貓守宮的顏色以棕色為主，其變異主要發生在陰影和紋路上。背上和／或尾巴會出現白點，頭部明顯的長，呈三角形狀，深咖啡色大眼睛，從口部上方開始呈現一道白色邊界，與邊界上的咖啡色直線形成強烈對比，不同個體間的咖啡色直線也有深淺變化。

貓守宮有修長的身體，和可以儲存脂肪且善於抓握東西的尾巴，尾巴平時經常保持蜷曲狀，卡維金與歐洛夫（1998）寫道，一旦失去尾巴，重新長回的的尾巴就不再具備抓握樹枝的功能，筆者以及卡維金與歐洛夫也觀察到，尾巴同時也作為溝通的工具，不論是交配、獵食還有領域行為，這種行為通常透過前後擺動尾巴來展現，筆者觀察到其他擬蜥守宮也有類似搖尾巴的行為。

飼養照顧

貓守宮的個性極度害羞，就算是一般的碰觸也會讓他們感到壓力，因此不建議這麼做，像貓守宮這麼敏感的守宮應該要飼養在安靜的房間，遠離噪音或其他干擾。

由於目前對這種稀有守宮的研究僅限於配對（Kaverkin and Orlov, 1998）和單一個體（Nunan, 1994），因此在對如何群體飼養不

貓守宮是擬蜥守宮裡面唯一的真樹棲性物種。

請勿觸摸

就像洞穴守宮一樣，
應該要把貓守宮當作觀賞
用而非把玩用的守宮，他
們是非常脆弱的守宮，容
易因壓力而死亡。

同組合的性別有進一步的了解之前，一般人飼養時應該採用單獨一隻或一對（雌雄配或雌雌配），雄性之間無法和睦相處因此不能養在一起。以雌性來說，養在同個空間的守宮必須要是差不多體型的；雄性比雌性稍微小一些。分辨性別的方法與其他擬蜥守宮相同，雄性會有大型的股孔和膨脹的半陰莖，雌性則無，由於貓守宮尾巴纖細，區分性別頗為容易。

居住

貓守宮似乎很適合類似於飼養多趾虎屬（*Rhacodactylus*）的環境（Emberton, 私人通訊），這種守宮喜歡涼爽、潮濕的熱帶氣候。由於貓守宮的濕度需求很高，因此玻璃缸是作為籠舍的首選，你選擇的容器應該要有足夠的地板面積，以提供半樹棲型的貓守宮多元的躲藏處，以及足夠的底材維持所需的濕度，選擇一個容器的高度足以讓貓守宮攀爬和獵食也相當重要，20 加侖（75.7 公升）的籠舍加上側開滑門就是非常合適的選擇，安柏頓（私人通訊）就成功使用此類型的籠舍飼養，努南（1994）使用 15 加侖（56.8 公升）容納一隻個體，卡維金和歐洛夫採用 50×50×50 公分（33 加侖／113.6 公升）的籠舍飼養一對守宮。

濕度

多種不同的技術可以用於維持正確的相對濕度，不論是單獨使用或是結合在一起，貓守宮需要的相對溼度大概是 80 至 90%，建議在籠舍內加裝溼度計。

如同先前提過的，底材對於濕度非常重要，至少 2 吋（5 公分）深的泥炭苔、椰子土和樹皮屑就能有良好的效果，筆者偏好在適當顆粒大小的一層樹皮屑上面鋪 2 吋厚的泥炭苔。

盆栽植物也能成為水氣的來源還有攀爬的場地，植物必須要夠堅固

讓守宮能攀爬和抓握，也就是他們夜晚活動期間追蹤獵物的方法。蔓綠絨屬植物或其他室內型闊葉植物是非常好的選項。

每天兩次例行性的加濕工作可以用噴霧系統來完成，努南（1994）將籠舍的蓋子半關幫助留存濕氣，為了要增加額外的水氣，他還在箱底放置加熱墊，每天一次將水盤加熱。

溫度

最適合貓守宮的溫度似乎是介於 26°C 至 29°C 之間，也就是努南（1994）和卡維金與歐洛夫（1998）所使用的溫度，安柏頓所使用的最高溫度則不超過 27.8°C，高於建議最高溫 29°C，將會引起致命的風險，可能造成你的守宮猝死。卡維金與歐洛夫將籠舍溫度常態性維持在 24°C 至 26°C，並在夜晚時降至 19°C 至 21°C。

如果你的居家環境沒辦法將溫度維持在所需範圍，那麼可以使用低瓦數的白熾燈泡（25W 左右）作為基礎的改善，必要時可以提高瓦數。紅外線加溫還有箱底加溫器會是對夜行性的貓守宮干擾較少的加溫方式，但要確保箱底加溫器配有可調溫設備。在守宮進入新家之前，先測量每日不同時間籠舍內的溫度，可以用水銀溫度計或是電子材料行販售有探針的溫度計。如果熱源充足，貓守宮是不需要其他額外照光的，但是植物則會需要。

貓守宮需要溫暖而非炎熱的環境，還有維持一定濕度。

籠舍布置

營造一個舒適的環境永遠是你的守宮能否健康快樂的關鍵，適當的家具可以提供躲藏的地方，以及其他需求，例如繁殖、蛻皮等等。

如同先前提過的，植物是提供額外水氣的良好來源，同時以家具的角度來說也能作為這種熱帶守宮攀爬的地方。

切勿混養！

由於貓守宮容易受到壓力，因此飼主不應該將他與其他種爬蟲養在一起，混種籠舍難以正確地為高難度的物種設計生存環境，加上有隻嬌貴的貓守宮在裡面，就更不可能成功了。

應該要在籠舍內的溫暖區域放置多樣化的躲藏處（Kaverkin and Orlov, 1998），躲藏處空間應該要有守宮的一至兩倍大，而且必須要能提供安全感，也就是守宮可以躲在裡面不被看到，至少其中一個躲藏處要是潮濕的箱子（參見第二章）。水盆至少要有 3 吋（7.6 公分）寬，並始終裝著乾淨的飲水。

餵食

一旦籠舍的家具都設置完畢，守宮也順利入住新家了，就可以著手準備餐點了，如果飼養的是雌性守宮，擺放一個淺碟子用來裝鈣質補充品，她會自己舔食所需的分量來維持骨骼強壯以及製造健康的卵，保持碟子乾淨、乾燥還有充足的鈣粉。由於貓守宮屬於夜行性動物，因此應該在晚上配合昏暗的光線進行餵食。

貓守宮的主食能夠以多樣的昆蟲、蟋蟀和粉紅乳鼠為食（Kaverkin and Orlov, 1998），但他們有時候也很挑食，努南（1994）只能夠每週餵他的守宮兩隻蟋蟀，偶爾餵食蜘蛛。食物不可以有太硬的甲殼，對守宮來說難以消化（例如甲蟲），挑選食物體積大約是守宮頭部大小的 90 至 95%，對成體來說差不多是三週大的蟋蟀；他們通常對太小的食物沒興趣。

你的守宮每週需要進食二至三次，隨著每次一小時後剩下的食物量做調整，最佳狀況就是放進去的食物全部吃光，如果太多食物留下，將他們移除不然可能會攻擊守宮並對守宮造成壓力。餵食前將食物沾上爬蟲專用的營養補充品。

人工繁殖

假如貓守宮生活過得舒服並達到適合繁殖的體重，應該就能成功繁

殖產下後代，成功交配後大約三十天就會產下兩顆革質、橢圓形的卵。通常蛋會埋在離底材表面 1 至 1.5 吋（3 至 4 公分）深的地方，卡維金與歐洛夫（1998）觀察到守宮媽媽在將卵埋進底材之前，會坐在他們的蛋上面二十四小時，這段時間雌守宮為了保護她的蛋會變得具有攻擊性。安柏頓（私人通訊）觀察到有些蛋不會產在潮濕的躲藏箱裡，而是在外面迅速乾掉，

推薦植物

在為貓守宮挑選植物時，選擇能在潮濕環境生存的植物，同時也要兼顧適合守宮攀爬的表面，蔓綠絨屬、黃金葛以及某些種類的無花果都是不錯的選擇。

繁殖季期間（一年中溫暖的月份），每天檢查籠舍避免蛋在放進孵化底材之前就乾掉，孵蛋設置與基本的擬蜥守宮相同（參見第四和第六章）。

安柏頓成功地孵化許多窩貓守宮的蛋，溫度 24.4°C 至 25.6°C，卡維金與歐洛夫（1998）則使用 27°C 至 28°C。二者都使用精密的孵蛋設備恆溫孵化，大約在六十天過後，守宮寶寶就探出頭了。幼體長度大約 3 至 3.2 吋（7.8 至 8.1 公分），身上的花紋比父母模糊，守宮寶寶的飼養方法與成體相同，只是籠舍小一點，標準的 10 加侖（37.9 公升）容器對於一窩幼體就足夠了，食物組成與父母一樣，除了要比較小（不要超過守宮的頭部大小！）。每天餵食並在一小時後移除吃剩的食物，卡維金與歐洛夫可以讓亞成體吃蠟蟲，一種讓小守宮快速增胖的良好餐點，餵食蠟蟲不可多量，因為守宮很容易就會對這種可口的點心上癮。最後，留意如果有個體體重增加太快或是互相打鬥，就必須要立刻分開飼養。

人工繁殖成功的例子寥寥無幾，對於繁殖的過程尚待進一步研究。

第十章

溪谷守宮

（白眉守宮）

湯姆 ‧ 馬佐利格 撰

令人感到意外的除了肥尾守宮之外，還有另一種有眼瞼守宮也來自非洲大陸。白眉守宮屬（*Holodactylus*）底下有兩個物種，其中只有一種 *H. africanus* 曾有守宮玩家飼養，而且非常稀有。這種守宮極少從非洲進口，因為他們難以適應人工飼養環境，同時他們也未曾人工繁殖成功過，因此對於一般的守宮玩家來說，這種守宮可以說是完全不適合作為寵物或是進行繁殖計畫，飼主得不到任何回報──除了稀有度，這是肥尾守宮、帶紋守宮或其他守宮所沒有的。飼養 *H. africanus* 僅侷限於進階的玩家和專業飼育者，以及那些想要嘗試如何繁殖這種奇怪的小守宮，以提供後人相關知識的人。

溪谷守宮

當 *H. africanus* 出現在寵物店時，出現許多
種俗名，最常見的是非洲爪守宮（African clawed gecko）
和非洲指守宮（African fingered gecko）。我認為這些名字缺
乏辨識度，基於他們喜好棲息在乾旱河床，我建議稱呼此物種為
溪谷守宮（gully gecko），這個名字有獨特性而且比起非洲爪守
宮更能精確描述，畢竟大部分非洲的守宮都具有腳爪，之後的篇
幅我都會稱呼他們為溪谷守宮。

簡介

　　溪谷守宮是種小型的蜥蜴，目前出現在寵物市場的總長很少超過 3
吋（7.6 公分），最大可以到 4 吋（10.2 公分），他們有一部分與豹紋
守宮相似，但是更為細長，又不到帶紋守宮那樣纖細，本屬與肥尾守宮
的親緣關係最接近。

　　與帶紋守宮類似，溪谷守宮的皮膚相當光滑，疣鱗只出現在泄殖腔
附近，不管公母頭部相對於身體都很大，他們有小小的、矛頭狀的尾
巴，大約占總長的六分之一。

　　溪谷守宮呈現昏暗的色調，但是擁有有趣的花紋。大致的顏色是淺
肉荳蔻色，排列許多不規則的某種帶有紫色的深棕色斑紋，斑紋的中心
通常顏色比邊緣淺，較明亮的區域則被不規則的淺色網狀紋路覆蓋。大
多數個體發展出一路沿著脊椎的淺色線條，可能是實心的亮白色或是模
糊不清的，直線一路延伸至尾巴末端，直線在骨盆之前通常由深棕色圍
繞，在頭部直線消失變淡，但是在眼睛後方仍會殘留 Y 型斑紋。

　　眼瞼邊緣呈現淺黃色，與身上其他顏色呈現明顯的對比，溪谷守宮
的腹部為白色至淺粉紅色，奇怪的是，腳趾外側和腳底是深灰色，但腳

趾內側是白色。與其他擬蜥一樣，溪谷守宮的腳趾也缺乏具吸附能力的皮瓣。

自然史

溪谷守宮在非洲的乾燥地區被發現，自然的棲地呈現不連貫分布，在索馬利亞、衣索比亞、肯亞和坦尚尼亞都可以找到他們，大部分玩家手上的個體是從坦尚尼亞進口。他們棲息地的地表類型從沙子到岩石地都有，普遍來說，這種守宮居住在溪壑中還有沙漠和莽原交界處的凹地，但這是大致的情況。溪谷守宮常常在白蟻丘以下挖洞，我們還不知道是否野生守宮把白蟻當作主食，但人工飼養的個體會狼吞虎嚥這些昆蟲。

本屬在地海拔分布不高，他們似乎侷限在海拔 3000 呎（0.9 公里）以下的地區。

溪谷守宮的原生地年降雨量非常稀少，但是那邊有持續二至三個月短暫且明顯的雨季，根據地區不同，降雨發生在晚春到晚夏之間。綜觀整個分布地，溫度從最高溫 33.3°C 到最低溫 16.7°C。溪谷守宮極度夜行性，因此他們不太可能會暴露在相對高溫的環境下，這時他們很可能就躲在洞穴裡。

溪谷守宮的一生圍繞在他的地洞，他們是天生的挖洞專家，而且會建造額外的地道，不知道是否會獵食地底下的無脊椎

H. africanus 是種有趣的小型守宮，但他們不太能適應飼養環境。

另一種

本章開頭提到過，*Holodactylus* 底下有兩個物種，
除了 *H. africanus* 之外還有 *H. cornii*，如果說科學家和守宮
玩家對 *H. africanus* 所知甚少，那麼對 *H. cornii* 可以說是一無所
知，完全找不到此物種的任何資訊。唯一知道的是 *H. cornii* 與 *H.
africanus* 體型與顏色相近，原生於索馬利亞，而且棲地範圍應該
沒有與 *H. africanus* 重疊。我們相信 *H. cornii* 從未進口到美國過，
但由於他們兩種在外觀很相似，而且棲地分布很靠近，因此有些
微的可能性曾有 *H. cornii* 進口但被誤認了。由於從沒有在守宮玩
家之間見過他們，且對野外狀況完全不了解，此後的段落將不會
再討論 *H. cornii*。

動物，但看起來很有可能。在人工飼養環境下，溪谷守宮每隔二至三個
晚上就會出洞獵食昆蟲和其他無脊椎動物，不確定這樣的模式在野外是
否相同，但由於昆蟲的種類更多以及獵食可能會失敗，因此守宮在野外
可能會更頻繁出洞。

目前仍不清楚 *H. africanus* 的繁殖期，僅推測他們會在雨季的開始
時交配和產卵。沒有相關資訊佐證溪谷守宮是否有溫度決定性別的現
象，但基於本科的成員都表現出此機制，包括他們的近親肥尾守宮，因
此溪谷守宮很可能也具有同樣的機制。

溪谷守宮作為寵物

在購買一隻溪谷守宮之前，你應該要先了解這是一個脆弱的物種，
就算是專業的玩家或是專業爬蟲飼育家，都很少能讓溪谷守宮存活超過
幾個月，我們對於本種人工飼育的真實需求瞭解太少；以下的飼養方法
都是我們基於可取得的資訊和作者的經驗所拼湊出最好的方式，如果你

對自己飼養的能力存疑，那麼最好選擇其他較普遍的物種。

選擇與馴化

由於溪谷守宮如此脆弱而且過去的飼養紀錄這麼令人沮喪，因此挑選一隻健康的個體絕對是關鍵，對於如何挑選健康的眼瞼守宮已經在本書第一章討論過，同樣的方法也適用於溪谷守宮。挑選體重剛好、警覺性高的個體，你不太可能在一般的寵物店找到此物種，因此溪谷守宮的賣家應對於爬蟲具備充分的專業知識，並提供良好的環境，但如果環境看起來不適合、髒亂、或是過度擁擠，那麼就換個地方找吧。

一旦購買了守宮，你應該要立刻帶他們回家並安置妥當，溪谷守宮通常受到嚴

溪谷守宮會花上大量時間在底材下鑽洞或是躲在躲藏盒。

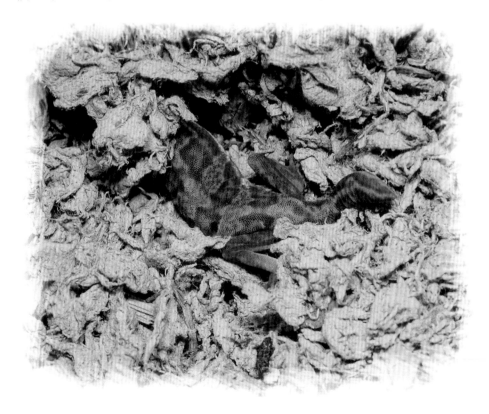

我與溪谷守宮

本章節所呈現的資訊大多是來自我多年前飼養兩組各三隻 *H. africanus* 的經驗，我很幸運地能讓其中一組守宮存活快要兩年，在那時候，我與網路上同樣飼養溪谷守宮的同好一起分享經驗，不可否認我的某些飼養技巧是來自於他們的建議。由於對溪谷守宮的知識太少了，請把這裡的資訊當作建議，並觀察你的守宮有何反應，守宮的行為和反應才應該是你判斷方法適當與否的依據。

重的寄生蟲感染，因此強烈建議在一週內帶給獸醫檢查，獸醫可以建立守宮基礎的健康資料，並治療寄生蟲——帶著新鮮的糞便樣本將會有幫助。另外由於野外捕捉的守宮帶有大量寄生蟲或疾病，因此建議與家中其他爬蟲類隔離檢疫，安置在簡單的籠舍（參見第一章隔離檢疫的詳細內容）。甚至是隔離之後，也最好不要與其他爬蟲類接觸，飼養溪谷守宮很容易失敗，而將他們與其他動物養在一起很可能造成壓力，進而降低成功馴化的機會。

居住

由於溪谷守宮有挖地洞的習性，因此準備的容器最好能容納一定深度的底材，玻璃水族箱是個合適的選擇，確實，透明的外牆可以讓你清楚看見守宮建造的地道，將籠舍轉變成某種爬蟲版的螞蟻農場。一隻雄性和兩隻雌性可以在 10 加侖（38 公升）的水族箱住得很舒服，但是給他們更多樓板面積也不是件壞事，你可以用 20 加侖「長」（76 公升）來容納四至五隻守宮。

底材 最適合溪谷守宮的底材是遊樂場沙，深度至少要有 3 吋（7.6 公分），雖然深一點也沒有壞處。為了讓守宮挖的地道不會崩塌，沙子底

層必須要有點潮濕，你可以在一半的沙子上澆水到足夠潮濕的程度，這樣可以讓籠舍有一半潮溼及一半乾燥的沙子，讓你的守宮能自由選擇。

有些飼主使用沙子混合泥炭苔或沙子混合椰子殼屑來飼養溪谷守宮，這種設計讓他們更容易挖掘地道以及保持穩定的濕度。混合的比例大約是一比一。

飼養溪谷守宮適合以沙子作為底材，加上適當的濕度梯度。

盯著他們

由於溪谷守宮大部分時間都在沙子底下，很容易會忽略健康發生問題的徵兆，務必要在進食時仔細觀察有無任何健康問題，留意日常的行為舉止，並對突然地改變有所警覺。如果你好幾天都沒看到守宮出現在沙子表層，你應該小心地將他從地道裡挖出來仔細檢查。

溫度與濕度就像其他的爬蟲類一樣，你需要在籠舍內建立溫度梯度，但不同的是，溪谷守宮不只需要將籠舍分為冷端和熱端的水平溫度梯度，垂直的溫度梯度同樣不可缺少，也就是讓底材底層溫度明顯低於表層，這麼做能讓你的守宮依照自身需求選擇適合的溫度和濕度。熱區的表層溫度要在 30.6°C 至 32.2°C，可以使用取暖燈連結計時器來維持溫度，一顆 40 至 60w 的燈泡就足夠維持一個 20 加侖（76 公升）籠舍的溫度，入夜後，表層的溫度可以降至 19.4°C 左右。其他

飼主有些人用加熱片、加熱墊或其他加熱設備組合使用。

正確的濕度對於溪谷守宮非常重要，但是很不幸的，尚未確定何種濕度最適合他們。同樣的方式，讓你的守宮能夠在溼度梯度之間做選擇，潮濕區表層的相對濕度大約在 60%，底層則會更濕一些，建議使用溫度計和溼度計進行控管。

你會知道的

當我飼養溪谷守宮時，我發現當他們需要食物的時候會讓我知道，如果守宮晚上在表層遊蕩，我就知道他們想吃飯了，看到他們四處走來走去時，我會給他們一些昆蟲，如果他們待在地道裡，我當天就不會餵食。

躲藏處和家具 溪谷守宮不會花太多時間在地面上，因此家具主要是給觀看的人心靈上的滿足用，但仍建議放置幾個躲藏處讓守宮能躲著。謹記一個重點，這種守宮很可能會在沙子表面的任何物件底下挖地道，此情況可能導致物件掉落壓到守宮，造成受傷或死亡，因此所有躲藏處或其他家具擺飾應該要重量輕，或是直接放置在箱子底部，如此一來守宮就無法在其底下挖洞，

躲藏處，例如破花盆，對於溪谷守宮能否活得好很重要，多隻個體常常會共享一個躲藏處。

我使用樹皮和陶瓷花盆碎片獲得良好的效果。

注意看這隻雌守宮身上蒼白的顏色；她準備要蛻皮了，正確的濕度可以幫助蛻皮避免發生問題。

如果你有意願提供他們正確的照明，就可以加入活體植物，你可以將花盆放在籠舍底部，再用沙子填滿周圍直到與花盆切齊。只能將植物放置在潮濕區，因為在澆水時會一併加濕底材，如果放在乾燥處的話將會破壞濕度梯度，也許你也可以直接把植物種在底材上，但我從沒試過。選擇不需要太多水分的植物，我的溪谷守宮籠舍裡有一株小蘆薈和十二卷屬（*haworthia*）植物，或是虎尾蘭同樣也適合。

食物與水

與其他眼瞼守宮一樣，溪谷守宮會吃蟋蟀、麵包蟲或其他昆蟲，昆蟲也像餵食豹紋守宮一樣必須先裝載營養和其他補充品（參見第三章）。我養的那隻守宮似乎特別偏好蠟蟲和擬步行蟲（麵包蟲的成蟲），但他完全忽略球鼠婦（pill bug）。有飼主回報說小蟑螂（建議 *Blatta orientalis*）可以快速增加溪谷守宮的體重。

溪谷守宮可以吃掉相對於身型大量的食物，平均來說，他們一個晚上可以吃掉三至四隻相當大的蟋蟀，然後接下來兩天就不吃東西。雖然溪谷守宮可以吃下比你想像中大的昆蟲，但是談到食物大小時最好還是小心駛得萬年船。

記住溪谷守宮是極度夜行性的物種，最好能在夜間餵食他們，事實上，在日落過後好一段時間才是最適合餵食的時候，也許你應該把餵食守宮

繁殖者提供

很少有繁殖 *H. africanus* 成功的例子，我也沒有成功過，本章節所提供的資訊主要來自馬可斯·克薩達，她曾成功繁殖溪谷守宮，我對馬可斯由衷感謝，她提供我這些資訊並同意在書中使用。

當作睡前的固定行程。

在籠舍裡放一個淺水盆，守宮不常喝水，但是必須要給他們選擇。滿常看到溪谷守宮在水盆正下方挖掘地道，他們有時也會將自己泡在水裡。必要時須清理水盆。

籠舍打理

你將會需要每隔幾天撿出籠舍裡的排泄物，可以使用一片紗網當作篩子，從沙子裡篩出糞便，爬蟲專門店通常也會販售專用的沙子篩網，如果你有勤奮地清理糞便，那麼就只需要每六個月徹底清理整個箱子，籠舍裡的守宮數量決定時間間隔。

行為

除了有趣的地道之外，溪谷守宮還展

雄性溪谷守宮(右)有膨大的半陰莖突起和泄殖腔旁邊的小刺，雌性(左)則無，但有時差異非常微小。

現出其他特別的行為。當他們警戒時，會高高站起，將肥短的尾巴豎起垂直於身體，接著他們會吠叫，伴隨頭部左右搖晃，捕食獵物時，他們會將尾巴挺直，或是像其他守宮一樣搖晃尾巴。

雌性溪谷守宮比較纖細而且頭與身體的比例較小。

溪谷守宮看起來似乎不具有領域性，雖然我不曾在同一個籠舍飼養一隻以上的雄性，但我從來沒有看過他們打鬥或爭執，守宮們常常聚在一起休息並有身體接觸。

與豹紋守宮相同，溪谷守宮不會把他們的巢穴弄髒，他們通常會盡量把排泄物丟得離地道愈遠愈好。

最後一種溪谷守宮展現的行為頗為奇怪甚至有點好笑，他們偶爾會向上挖掘地道，直到頭露出表面，看過去就像沙子上只有一顆守宮頭一樣。

繁殖

繁殖溪谷守宮幾乎從來沒有被實現過，然而，費盡苦心的飼主仍然可以繁殖他們。

繁殖溪谷守宮碰到的第一個門檻就是要找到雌性，大部分進口的個體都是雄性，這可能代表在野外雄性會遊蕩較遠的距離，進而更容易被抓到，第二，要辨別溪谷守宮的性別並不是永遠都那麼容易，雄性的半陰莖膨脹可能不大到足以與雌性區別，判別溪谷守宮性別最精確的方法是用放大鏡檢視股孔，雄性的股孔較大且多。如果你在購買溪谷守宮時

對性別不確定，手邊又沒有放大鏡，那就選半陰莖突起較大的（希望是雄性）和似乎不具有半陰莖的（希望是雌性）。

就像其他許多爬蟲類一樣，季節性的溫度變化可以觸發 *H. africanus* 的生殖程序，一年之內籠舍裡溫度的改變可能就足以刺激生殖行為，當籠舍溫度能夠為期三個月降低至 25.6°C 至 27.8°C 時，是最適合溪谷守宮繁殖的溫度。使用 10°C 至 15°C 試圖讓守宮冬眠的玩家，最後都沒有好下場。

當溫度短暫地回歸正常時，守宮就會開始繁殖了，他們似乎比較喜歡在躲藏處交配而不是在地道裡，有趣的是，懷孕的母守宮傾向於離群索居，他們會獨自住在地道或躲藏處裡，而且活動力下降。

溪谷守宮每次產下一至二顆卵，每季可以產出數窩卵，通常第一窩會有兩顆卵，第二窩則有一顆，但不是絕對。卵非常小，大概跟豌豆差不多大，不像其他擬蜥的蛋柔軟有彈性，溪谷守宮的蛋更為鈣化。

使用潮濕的珍珠石（注意不要把蛋跟珍珠石搞混了）可以成功孵化守宮蛋，溫度 27.8°C 至 28.9°C，為了弄濕珍珠石，將珍珠石完全浸水然後在濾網上瀝乾，之後每週加濕維持濕度，大約六週後就會孵化了。

溪谷守宮寶寶非常嬌小，通常只有一吋半，他們會在孵化後兩天蛻皮，並開始進食，他們這時候可以吃針頭蟋蟀或小蟑螂，你也可以嘗試用果蠅、扁擬穀盜幼蟲和白蟻來餵食，食物充足的情況下他們成長緩慢但穩定。

結論

溪谷守宮對於專業玩家是種有趣而且具挑戰性的蜥蜴，在生物學上仍有許多未知謎團待解開，因此玩家們仍有許多可以貢獻的空間，然而，由於他們如此不適應人工環境，因此在購買時，應該向那些致力於提供守宮最頂級照顧的專業飼育者或爬蟲飼養專家購買。

照片來源

J・巴薩里尼（J. Balzarini）：8,10,60,73

R・D・巴特雷（R. D. Bartlett）：11,44,68,76,92,94,95,102,109

亞當・布雷克（Adam Black）（由 The Gourmet Rodent 提供）：
13（上）,45,47,52,54,57,62（下）,64,65,74,77

艾倫・包斯（Allen Both）：66

I・法蘭西（I. Francais）：22,27,29,30,39,40,51

保羅・弗里德（Paul Freed）：18,53,99,100,105,107

詹姆士・傑哈德（James Gerholdt）：15,58

艾瑞克・羅薩（Erik Loza）：24

傑洛德・梅克和辛蒂・梅克（G. and C. Merker）：1,13
（下）,17,21,25,38,42,49,56,62（上）,82,83,85,86,87,88,89,90,97,101
和原文書封面

J・梅里（J. Merli）：36,

K・H・斯維塔克（K. H. Switak）：69,80

M・沃斯（M. Walls）：75,110,113,115,117,119,120,121

克里斯汀・耶魯（Christian Yule）：70

豹紋守宮

Autumn, K., and D.F. DeNardo. 1995. Behavioral Thermoregulation Increases Growth Rate in a Nocturnal Lizard. *Journal of Herpetology* 29(2):157-162.

Balsai, Michael. 1993. Leopard Geckos. *Reptile and Amphibian Magazine* March/April, 2-13.

Bartlett, Dick. 1996. Eublepharines: Let's Talk. *Reptiles* April, 48-67.

Bertoni, Ribello. 1995. Banded Geckos. *Reptile and Amphibian Magazine* March/April, 60-66.

Black, Adam. 2003. Starting a Lizard Breeding Project. *Reptiles* 11(12): 78-89.

Black, Jesse. 1997. Keeping and Breeding Leopard Geckos. *Reptiles*, 5(3): 10-18.

Conant, Roger, and J.T. Collins. 1998. *A Field Guide to Reptiles and Amphibians Eastern and Central North America.* 3rd ed. Boston and New York: Houghton Mifflin Company, 616 pps.

Coomber, P. David Crews, and Francisco Gonzalez-Lima. 1997. Independent Effects of Incubation Temperature and Gonadal Sex on the Volume and Metabolic Capacity of Brain Nuclei in the Leopard Gecko (*Eublepharis macularius*), a Lizard With Temperature-Dependent Sex Determination. *Journal of Comparative Neurology* 380: 409-421.

Crews, David. 1994. Animal Sexuality. *Scientific American* 270: 108-114.

DeNardo, D. F., and G. Helminski. 2001. The Use of Hormone Antagonists to Inhibit Reproduction in the Lizard *Eublepharis macularius. Journal of Herpetological Medicine and Surgery* 11(3):4-7.

de Vosjoli, Philippe. 1990. *The Right Way to Feed Insect-Eating Lizards.* Lakeside, CA: Advanced Vivarium Systems, 32pps.

de Vosjoli, Philippe, Roger Klingenberg, Ron Tremper, and Brian Viets. 2004. *The Leopard Gecko Manual.* Irvine, CA: Advanced Vivarium Systems, 96 pps.

de Vosjoli, Philippe, Ron Tremper, and Roger Klingenberg. 2005. *The Herpetoculture of Leopard Geckos.* Advanced Visions Inc., 259 pps.

Frantz, Steven L. 1993. In Search of Tokage Modoki, the Japanese Leopard Gecko (*Goniurosaurus (Eublepharis) kuroiwae*). *The Vivarium* 4/5: 21-24.

Hiduke, Joe and Meadow Gaines. 1996. Central American Banded Geckos: *Coleonyx Mitratus. Reptiles* October, 76-87.

Hiduke, Joe and Bill Brant. 2003. Leopards and Beardies. *2003 Annual Reptiles USA* vol. 8: 94-101.

Kluge, A. G. 1987. Cladistics Relationships in the Gekkonoidea (Squamata: Sauria). *Mis. Publ. Mus. Univ. Michigan.* 173: 1-54.

Madge, David. 1985. Temperature and Sex Determination in Reptiles with References to Chelonians. *Testudo* Vol. 2(3).

Puente, Lyle. 2000. *The Leopard Gecko.* New York, NY: Howell Book House, Wiley Inc, 119 pps.

Stebbins, Robert C. 2003. *A Field Guide to Western Reptiles and Amphibians.* 3rd ed. Boston and New York: Houghton Mifflin Company, 533 pps.

Tremper, Ron. 1997. Designer Leopard Geckos. *Reptiles* 5(3): 16.

Tremper, Ron. 2000. Designer Leopard Geckos. *Reptiles* 8(3): 10-17.

Tremper, Ron. 2005. Orange Is In! *Reptiles* 13(3): 28-36.

Viets, B. E. 2004. Incubation, Temperature and Hatchling Sex and Pigmentation. in The Leopard Gecko Manual. Irvine, CA: Advanced Vivarium Systems 96 pps.

Vella, Jay. 2000. The Blizzard Lizard. Reptiles 8(3): 24-29.

Wibbels, T. and David Crews. 1995. Steroid-Induced Sex Determination at Incubation Temperatures Producing Mixed Sex ratios in a Turtle With TSD. General and Comparative Endocrinobgy. 100: 53-60.

Wright, Kevin. 1998. Cryptosporidia: New Hope on the Horizon. Reptile and Amphibian Magazine 55, 32-36

貓守宮

Kaverkin, Y.I. and N.L. Orlov. 1998. Captive Breeding of Cat Geckos, Aeluroscalabotes felinus. Dactylus 3(2):87-89.

Nunan, J. 1994. "In the Spotlight" Aeluroscalabotes felinus (Gunther, 1864). Dactylus 2(3):107-108.

Asian Regional Centre for Biodiversity Conservation and Information Sharing Service:

http://arcbc.og/cgi-bin/abiss.exe/spd?tx=RE&spd=13

EBML Reptile Database:

http://www.embl-heidelberg.de/~uetz/families/Gekkonidae.html

洞穴守宮

Bragg, W.K., J.D. Fawcett, T.B. Bragg, B.E. Viets. 2000. Nest-Site Selection in Two Eublepharid Gecko Species with Ttemperature-Dependent Sex and One With Genotypic Sex Determination. Zoological Journal of the Linnean Society 69: 319-332.

Cooper, W.E. and J.J. Habegger. 2000. Lingual and Biting Responses by Some Eublepharid and Gekkonid Geckos. Journal of Herpetology 34 (3) 360-368.

Goris, R.C. and M. Maeda. 2004. Guide to the Amphibians and Reptiles of Japan. Malabar, Florida: Krieger Publishing Company.

Grismer, L.L., B.E. Viets and L.J. Boyle. 1999. Two New Continental Species of Goniurosaurus (Squamata: Eublepharidae) with a Phylogeny and Evolutionary Classification of the Genus. Journal of Herpetology 33: 382-393.

Grismer, L.L. 2000. Goniurosaurus murphyi Orlov and Darevsky: A Junior Synonym of Goniurosaurus lichtenfelderi Mocqard. Journal of Herpetology 34 (3): 486-488.

Grismer, L.L. 2002. Goniurosaurus: Ancient gekkos of the Far East. Gekko 3(1): 22-28.

Grismer, L.L., S. Haitao, N.I. Orlov, and N.B. Anajeva. 2002. A New Species of Goniurosaurus (Squamata: Eublepharidae) from Hainan Island, China. Journal of Herpetology 36 (2): 217-224.

Henkel, F.W. and W. Schmidt. 2004. Professional Breeders Series: Geckos — All Species in One Book.: Frankfurt am Main: Edition Chimaira.

Kaverkin, Yuri. (1999). Tokage Modoki: Those Wonderful Geckos of the Ryukyu Archipelago. Gekko 1(1): 42-46.

Orlov, N.I. and I.S. Daresky. 1999. Description of a New Mainland Species of Goniurosaurus Genus from the North-Eastern Vietnam. Russian Journal of Herpetology 6: 72-78.

Werner, Y., L. Takahasi, Y. Yasukawa, and H. Ota. 2004. The Varied Foraging Mode of the Subtropical Gecko Goniurosaurus kuroiwae orientalis. Journal of Natural History 38: 119-134.

EBML Reptile Database:
http://www.embl-heidelberg.de/~uetz/families/Gekkonidae.html

Red List of Threatened Reptiles of Japan
http://www.biodic.go.jp/english/rdb/red_reptiles.txt

晨星寵物館重視與每位讀者交流的機會，
若您對以下回函內容有興趣，
歡迎掃描QRcode填寫線上回函，
即享「晨星網路書店Ecoupon優惠券」一張！
也可以直接填寫回函，
拍照後私訊給 FB【晨星出版寵物館】

◆ 讀 者 回 函 卡 ◆

姓名：＿＿＿＿＿＿＿＿＿　性別：□男　□女　生日：西元　　/　　/

教育程度：□國小　□國中　□高中/職　□大學/專科　□碩士　□博士

職業：□學生　　　　□公教人員　　□企業/商業　□醫藥護理　□電子資訊
　　　□文化/媒體　□家庭主婦　　□製造業　　　□軍警消　　□農林漁牧
　　　□餐飲業　　　□旅遊業　　　□創作/作家　□自由業　　□其他＿＿＿＿

* 必填 E-mail：＿＿＿＿＿＿＿＿＿＿＿＿＿＿＿　聯絡電話：＿＿＿＿＿＿＿＿

聯絡地址：□□□＿＿＿＿＿＿＿＿＿＿＿＿＿＿＿＿＿＿＿＿＿＿＿＿＿＿＿

購買書名：豹紋守宮

・本書於那個通路購買？　　□博客來 □誠品 □金石堂 □晨星網路書店 □其他＿＿＿

・促使您購買此書的原因？

□於 ＿＿＿＿＿＿ 書店尋找新知時　□親朋好友拍胸脯保證　□受文案或海報吸引

□看＿＿＿＿＿＿＿＿網路平台分享介紹　□翻閱 ＿＿＿＿＿＿＿ 報章雜誌時瞄到

□其他編輯萬萬想不到的過程：＿＿＿＿＿＿＿＿＿＿＿＿＿＿＿＿＿＿＿＿＿

・怎樣的書最能吸引您呢？

□封面設計　□內容主題　□文案　□價格　□贈品　□作者　□其他＿＿＿＿

・您喜歡的寵物題材是？

□狗狗　□貓咪　□老鼠　□兔子　□鳥類　□刺蝟　□蜜袋鼯
□貂　　□魚類　□烏龜　□蛇類　□蛙類　□蜥蜴　□其他＿＿＿＿
□寵物行為　□寵物心理　□寵物飼養　　□寵物飲食　　□寵物圖鑑
□寵物醫學　□寵物小說　□寵物寫真書　□寵物圖文書　□其他＿＿＿＿

・請勾選您的閱讀嗜好：

□文學小說　□社科史哲　□健康醫療　□心理勵志　□商管財經　□語言學習
□休閒旅遊　□生活娛樂　□宗教命理　□親子童書　□兩性情慾　□圖文插畫
□寵物　　　□科普　　　□自然　　　□設計/生活雜藝　　□其他＿＿＿＿

國家圖書館出版品預行編目資料

豹紋守宮：魅力新寵豹紋守宮完全照護指南！ / 傑洛
德．梅克 (Gerold Merker) 等著；蔣尚恩譯 . -- 初版 . --
臺中市：晨星 , 2018.05
面； 公分 . --（寵物館；62）

譯自：Complete herp care Leopard geckos

ISBN 978-986-443-432-9（平裝）

1. 爬蟲類 2. 寵物飼養

437.39   107004198

寵物館 62

豹紋守宮：
魅力新寵豹紋守宮完全照護指南！

作者	傑洛德‧梅克（Gerold Merker）、辛蒂‧梅克（Cindy Merker）
	茱莉‧柏格曼（Julie Bergman）、湯姆‧馬佐利格（Tom Mazorlig）
譯者	蔣尚恩
主編	李俊翰
編輯	李佳旻
美術設計	陳柔含
封面設計	言忍巾貞工作室
封面照片來源	蔣尚恩
創辦人	陳銘民
發行所	晨星出版有限公司
	407 台中市西屯區工業 30 路 1 號 1 樓
	TEL：04-23595820 FAX：04-23550581
	行政院新聞局局版台業字第 2500 號
法律顧問	陳思成律師
初版	西元 2018 年 05 月 01 日
初版三刷	西元 2023 年 12 月 01 日
讀者專線	TEL：（02）23672044 /（04）23595819#212
	FAX：（02）23635741 /（04）23595493
	service@morningstar.com.tw
	http://www.morningstar.com.tw
郵政劃撥	15060393（知己圖書股份有限公司）
印刷	上好印刷股份有限公司

定價350元

ISBN 978-986-443-432-9

Complete Herp Care Leopard Geckos
Published by TFH Publications, Inc.
© 2006 TFH Publications, Inc.
All rights reserved

版權所有‧翻印必究
（缺頁或破損的書，請寄回更換）